2030年の戦争

小泉悠
山口亮

日経プレミアシリーズ

はじめに

本書は著者2人の対談に基づいたものである。そのうちの1人である小泉悠（東京大学先端科学技術研究センター准教授）はロシアの安全保障政策を専門とする。もう1人の山口亮（東京国際大学国際戦略研究所准教授）はインド太平洋地域を中心に、国防戦略・計画・運用について研究している。2人とも地域研究と安全保障研究の境界領域のようなところに足場を置く研究者と言えるだろう。

つまり、研究対象国・地域における安全保障上の動向や軍事戦略を読み解くというスタイルであり、理論や歴史、統計などを用いるオーソドックスな研究スタイルからするとやや異端である。衛星画像分析やウォーゲーム（軍事的なシミュレーション）を研究に取り入れているところも、普通の研究者とはちょっと違っているかもしれない。

その2人が2030年代において日本が直面しうる安全保障環境を予測してみようというのが、本書の主なもくろみである。つまり約10年後ということなのだが、これはなかなかに難しい。

2人には、1982年生まれというもう1つの共通点がある。我々が生まれた頃、世界は冷戦のただ中にあった。東西両陣営が想定していた将来戦争は「第3次世界大戦」であり、巨大な軍隊同士が激しい戦いを繰り広げると予測されていた。それでも勝負がつかない場合、米ソは戦略核兵器を使用する可能性があるとさえ考えられ、人類の破滅につながりかねないという恐怖が世界を覆っていた。世界の終わりがやってくるとすれば、それは全面核戦争だろうという意識を持っていた最後の世代が、我々かもしれない。

戦争の変容

だが、それから10年後の世界のありようは、全く異なる。91年のソ連崩壊によって冷戦は終わりを告げ、もはや第3次世界大戦の悪夢から人類は解放されたとの楽観論が漂った。しかし、残念ながら、世界から戦争が消えてなくなったわけではなかった。

ソ連崩壊と同じ91年にはイラクが隣国クウェートに侵攻し、これに対し米国を中心とする多国籍軍が介入したことで、湾岸戦争が勃発した。その後も米国はフセイン政権下のイラクに度々空爆を行い、99年にはセルビア人勢力が民族浄化を行っているとして、NATO（北大西洋条約機構）がユーゴスラヴィアへの大規模空爆に踏み切った。それから4年後の2003年、米国は大量破壊兵器開発疑惑を理由にイラクに全面侵攻し、フセイン政権が崩壊した。このように冷戦後の世界における戦争は、大国による中小国への一方的な攻撃・侵攻という形を取ることが多かった。

また、この時期には、別の形態の戦争も台頭しつつあった。01年、イスラム過激派組織アル・カーイダが旅客機をハイジャックして米国に対する自爆テロ攻撃（米国同時多発テロ事件）を引き起こすと、米国は「テロとの戦い」を宣言してアフガニスタンに侵攻した。03年以降のイラクでも、フセイン政権の残党と結びついたイスラム過激派との戦いが繰り広げられた。ロシアも99年からチェチェン独立派の鎮圧作戦（第2次チェチェン戦争）を開始し、これを同様に「テロとの戦い」と位置付けた。

これらの戦争は単に非対称であるだけでなく、非国家主体を相手とするものであった。激しい戦闘はまれである代わりに低烈度の戦闘が長期間にわたって続くという点で、やはり21世紀型戦争を特徴づけるものとされた。

我が国を取り巻く安全保障環境も、2人が人生を送ってきた42年間で大きく変わった。冷戦期にはソ連が我が国にとって喫緊の軍事的脅威と捉えられる一方で、中国や北朝鮮が我が国を深刻に脅かす蓋然性は低いと見られていた。そもそも、そのような能力自体が乏しかったためである。だが、冷戦終結後の30年間で状況は大きく変わった。ソ連崩壊によって北方の脅威が大きく低下する一方、中国の軍事力は著しく成長し、貧困国である北朝鮮も核ミサイル戦力を備えるに至った。

2020年代に入っても、状況は一向に好転していない。台湾海峡と朝鮮半島をめぐる軍事的緊張は高まる一方であり、その間にロシアがウクライナへの大規模侵略を始めてしまった。これらの事態が連動する「マルチ有事」の可能性さえ否定されない。

子供の頃の私たちにとって、日本が平和で豊かな国であることは当たり前であり、それは揺らぐことのないものであるように思えていた。今、そのような見通しを持つことはできない。42歳になった私たちの目の前にあるのは、安全保障について真剣に考えることを余儀なくされている日本の姿である。

2つの「軍事近代化」

加えて、現代の世界では「軍事近代化（military modernization）」の進展が著しい。軍事近代化というのは山口が専門とする国防計画論の概念であり、一言でいえば軍事テクノロジーの進化を指す。

ここでいうテクノジーとは、知識やアイデアの応用であり、個々の装備やこれを支えるインフラといったハードウェアと、プロセス、ドクトリン、教育・訓練などのソフトウェアを含む。この2つが長足の進歩を、しかも急速に遂げつつあるところに現代の安全保障を考える難しさがある。戦争という現象が持っている根本的な性質には古来から一定の継続性があるが、個別の戦闘のあり方はかつて知られていたものと大きく異なったものになる可能性があるということだ。

軍事近代化には2つの方向性がある。1つは、兵器の火力、機動力、防護力、戦力投射能力、速度など相手に打撃を与え、自らを守る能力の強化や進化である。例として、次世代航空機、水上艦船、潜水艦、戦闘車、弾道・巡航ミサイル、極超音速滑空弾、レーザー兵器、レールガン（電磁砲）等が挙げられる。

もう1つは、相手より速く観察し（Observe）、状況を判断し（Orient）、意思決定をし（Decide）、行動する（Act）ことを目指す方向性である。関連するものとして、指揮・統制・通信・コンピューター、情報、監視、偵察（C4ISR）に係るレーダーとセンサー、情報・通信システム、ロジスティクス関連の各種技術が挙げられる。

こうした軍事近代化が日本の安全保障にどのようなリスクをもたらすのか、それにどう対応していくのかを本書の中では考えていきたい。

将来予測を行う意味

だが、将来を予測するのは極めて難しい。私たちがこの42年間に見てきた変化の幅の大きさ、激しさを見ても明らかであろう。２０３０年代半ばになってみたら、本書が前提とした国際情勢は様変わりしていて、中国も北朝鮮もロシアも脅威でなくなっているかもしれない。日米同盟は維持されているかもしれないが、日米関係はこれまでの私たちが知っているものとはまるで違っているかもしれない。世界の大国は再び非国家主体との戦いに明け暮れているかもしれないし、新型コロナウイルス（COVID-19）を上回る感染症が猖獗(しょうけつ)を極め、戦争どころではないという状況さえ考えられる。

それでも将来予測は無駄ではない。将来予測とは、現在の私たちが置かれた状況を見つめる行為に他ならないからだ。いうなれば本書は、将来予測という作業を通じ、現在の日本を逆照射してみようという試みだ。

本書は著者2人の共著であり、内容については2人がすべての責任を負っている。これまで多大な刺激と知見をいただいた多くの方々、そして支えてくれた家族には、感謝の念にたえない。最後に、本書の企画と出版に当たって、打ち合わせから編集まで、丁寧にご尽力いただいた日経ＢＰ書籍編集者の桜井保幸氏に大変お世話になった。この機会を借りて深く御礼を申し上げたい。

２０２４年12月

小泉 悠
山口 亮

本書はＪＳＰＳ科研費 23K22086 の助成を受けたものである。

小泉 悠

山口 亮

2030年の戦争　目次

第3章 テクノロジーの進化、統合運用、戦場の霧 101

第4章 これから何が起きるか——メインシナリオを考える

第1章

戦争をどうとらえるか

2人が軍事問題に関わるようになったきっかけ

小泉 悠（以下、小泉） 本書では、これから10年ぐらい先、2030年から30年代半ばまでに日本をめぐる安全保障情勢がどうなっていくのか、そこへ向けて私たちは何をすべきなのかという議論をしていきます。

こういう問いを立てる背景には、日本をめぐる安全保障環境が極めて厳しくなっていることがあります。

私と山口さんは同じ1982年生まれです。私たちが子供だった90年代や大学生だった2000年代まで、日本でいつか大きな戦争が起こるかもしれないという予感はほとんどありませんでした。

2001年9月11日、米国で同時多発テロが発生し、いわゆる「対テロ戦争」の時代が始まりました。教科書に出てくる古典的な戦争とは異なる、「新しい戦争」が注目されるようになったのがこの頃です。圧倒的な軍事力を持つ米国などの西側先進諸国と、正面戦力で大きく劣る非国家主体の戦いは、冷戦時代に想定されていた戦争とは全く異なる様相を呈するようになったわけです。

ところが、それからさらに20年がたってみると、ロシアによるウクライナ侵攻が起きました。これはむしろ、非常に古典的な戦争です。そして今、日本では朝鮮半島有事や台湾有事が議論されていますが、これもどちらかといえば古典的な戦争をどう回避するかの問題です。人類が克服したはずの、国家間の激しい戦争という可能性が、再び私たち自身の問題としてクローズアップされてきているように感じます。

ところで山口さんは、幼少期から青年時代は海外にいらっしゃったんですよね？

山口　亮（以下、山口）　5歳のころは英国、6歳からオーストラリアに住んでいました。大人になってからも、米国、韓国、シンガポール、マレーシア、インドネシアなどあちこちにいました。

小泉さんがおっしゃるように、お互い同い年ですから見てきたものは共通していますが、私は外国にいたので、日本に加え、オーストラリアや欧米、韓国、東南アジア諸国の観点から国際情勢を見ていました。

冷戦の時代には、中国や北朝鮮よりは、ソ連という大国や共産主義陣営が最大の脅威と感じていましたし、91年12月にソ連が崩壊して冷戦が終了した時は、「世界最大の脅威が滅びた」という感じがしました。その後、２００１年9月11日に米同時多発テロがあって、イラク、イラン、北朝鮮からなる「悪の枢軸」との戦いに焦点が当たるようになりました。オーストラリアは「テロとの戦い」に積極的に関与し、アフガニスタンやイラクでの戦争に参加していましたし、東ティモール問題もあったので、戦争や紛争は身近な問題でした。

ただ、少なくとも私が学生だった頃のオーストラリアでは、中国に対する懸念は、日本や米国ほどではなかったです。むしろインドネシアが最大の脅威という認識のほうが強かったと思います。

私の父方の祖父は太平洋戦争を体験した海軍の職業軍人で、母方の祖父も陸軍に徴兵され、中国で国民革命軍の捕虜となりました。幼い頃から戦争や軍に関する生々しい話をよく聞かされていました。それでも軍事や安全保障に対する関心は薄かったです。

小泉　そもそもなぜ、軍事や安全保障の問題に関心を持つようになったのですか?

山口　はっきり言って消去法です。学生時代はスポーツ一筋で、大学も野球とラグビーをしに入ったようなもので、どちらかのプロ選手か、裏方の仕事に就こうと考えていました。ところが怪我とイップス（心理的な原因による運動障害）を患ってしまい、断念しました。進路について迷っていた時、アルバイト先で出会った海上自衛隊の方々から自衛隊を勧められ、入隊を目指すようになったのがきっかけです。

もともと軍事への関心は全くなかったのですが、私は中学と高校の頃は寮生活で、スポーツ、学生将校養成、音楽に力を入れる超が付くほどの体育会系な環境で育ちました。なので、軍隊のような上下関係には違和感がありませんでしたし、他にやりたい仕事もなかったので、自分には安全保障や防衛しかないのかなと思うようになりました。

ただ、キャリアにするにはある程度の知識を持たなければいけないと思い、大学院で安全保障・防衛戦略を専攻することになったのです。私が通った大学院には、外交安全保障関係の実務者や研究者を養成するような課程があり、戦略論だけでなく軍組織の運営や作戦等について学ぶ機会もあったので、理論と実践の両方をバランスよく学ぶことができたと思います。

小泉　私とは対照的ですね。私は根っからの軍事オタクな割に体力がなくて軍事組織なんてまず務まらない（笑）。しかし弱っちいからこそ、兵器とか軍隊とか、巨大な力を持ったものに惹かれるところがあったのだと思います。

山口　きっかけはありますか。

小泉　明確なものはありません。家の近くに自衛隊基地はありました。でも近所に基地があったからといって、誰もが軍事オタクになるわけではありませんよね。

私は江畑謙介さんみたいな軍事評論家になりたいと思っていました。するとうちの母親が、そういう商売をしたいなら、誰もが名前を知っている大学に行っておきなさいというので、早稲田大学に行こうと決めました。

私が入学した早稲田大学社会科学部には当時、国際関係論のゼミがなかったので、仕方なしに平和学のゼミに入りました。でも、これはなかなかいい経験でした。軍事オタクとして戦争を見てきた私が、まったくの逆方向である平和学のゼミに2年間所属することになりました。担当された多賀秀敏先生は、寛大に私を受け入れてくださいました。私は国際関係論の基本と平和学の考え方を学びながら、依然として趣味で軍事オタクをやる学生時代を過ごしました。それが結局は、その後の私の商売につながりました。

新しい戦争と古い戦争

山口　私たちの世代は、『機動戦士ガンダム』や『ドラえもん』をはじめ、いろいろなアニメや映画で、さまざまな未来の兵器や戦争を見てきました。なので、子供の頃は、現実の面でもそれが2020年代頃には現実になるとイメージしていたと思います。

小泉　『ドラえもん』には「のび太の宇宙小戦争（リトルスターウォーズ）」という作品があ

りましたね。

山口　私はこうした作品によって未来の戦争のイメージを膨ませていました。とんでもない破壊力を持ったミサイルやレーザー兵器、無人機、極超音速機、ワープ能力など宇宙空間における戦争。でも今現在を見れば、世界各地で起きている紛争や内戦は、近代化した兵器はあるものの、戦術や戦い方に関しては意外に原始的というか、昔とそんなに変わってないように思います。

もし、18世紀や19世紀の将軍が現代にタイムスリップしてきても、適応できるかもしれないと、米海兵隊のＢ・Ａ・フリードマンは戦術に関する本で言っています。一方、なぜ昔描いていた未来の戦争像が外れたかというと、技術をベースに考えすぎてしまったからだと思うんです。

現実には、実戦から得た教訓が、戦略・作戦・戦術上の需要を形づけ、戦争の技術が発展していきます。昔の子供向けの科学技術の本を読むと、未来の都市や乗り物のイメージは現実とかなり離れているのと似ていますね。

小泉　このお話は、同時代人として大変共感するところがあります。第２次世界大戦に代表される、国家同士の全力の殴り合い、何十万人という兵隊が動員され、人々が難民化していくような戦争は、僕にとってはまったく過去の出来事でした。だから、そのような戦争はまず起こらないだろうし、もし戦争が起きたとしてもずいぶん違う形になるだろうと思っていました。

私たちの子供時代に湾岸戦争（91年）があり、それから高校生の頃にNATOのユーゴスラビア空爆（99年）があって、米国の空軍力、精密攻撃能力の凄まじさというのを目の当たりにしました。同じ頃、ロシアの軍事科学アカデミー副総裁だったウラジーミル・スリプチェンコという人が『第6世代戦争』（邦訳なし）という本を書いていて、私も後に読んだのですが、「とにかくこれからは長距離精密攻撃能力だ！　陸軍なんかいらん！」みたいなことを言っていました。

ところが、ウクライナにおける戦争を見ていると、山口さんがおっしゃったように、現代の国家間戦争は、火力や兵員の動員能力を競い合うような「古い戦争」になっていますよね。軍事技術は確かに進化しているのだけれども、それは必ずしも新しい戦い方に直結していない。山口さんが言及したフリードマンとは別に英国にローレンス・フリードマンという戦略研究者がいるのですが、彼もまたテクノロジーに偏った将来予測が戦争の将来像を見誤らせるという議論をしています（151頁のコラム4参照）。

山口　結局、戦争における戦略と作戦と戦術の基本は、今も昔も同じなんだと思います。野球に例えれば、使用しているバットやグローブ、選手の技術などは進化したけれど、ルールや作戦・戦術がそこまで変わっていないのと似ているかもしれない。

ただ、昔と今の戦争の大きな違いを2つあげれば、1つは技術の発展により、破壊力、精度、速度、射程が大きく向上し、作戦が複雑化したこと。もう1つは、戦争が可視化されるようになったことだと思います。

私は祖父から戦争はこんなに悲惨だったとか、死にかけたとかいう話を聞きましたし、戦場から持ち帰ったものも受け継ぎましたが、正直ピンと来ませんでした。学校でも、第1次世界大戦、第2次世界大戦、朝鮮戦争、ベトナム戦争について学びましたが、「史料」という感じでした。

小泉　実際の戦争は色もにおいもあるけれど、昔の戦争の写真は白黒なので、別世界の出来事に思えてしまう。

山口　ところが、湾岸戦争になると、テレビのカラー画面で中継されました。米国の9・11もテレビで見ました。また、２０１０年3月に韓国の哨戒艦「天安（チョナン）」が北朝鮮の潜水艦に攻撃された時、私は韓国に滞在していましたが、深夜の緊急放送をずっと見ていました。

さらに、ソーシャルメディアが普及するにつれて、人々の戦争への見方、かかわり方が大きく変わりました。戦場の生々しい映像をツイッター（現X）、インスタグラム、TikTokなどで見ることができるだけでなく、コメントもできます。ウクライナ戦争は典型的な例です。

戦争は「変遷」ではなく「拡張」している

小泉　ここまでのやりとりで、いくつか重要な論点が出てきました。1つは戦争の性質、つまり戦争とはどういう現象なのか。2つ目は戦争と人間はどうかかわってきたか。3つ目は個別の戦闘のやり方。これにはテクノロジーの発達が関係してきます。

最初の2つ、「戦争とはどういう現象か」と「人間は戦争にどうかかわってきたか」は、歴史の中で大きく変化をしてきました。

イスラエルの軍事史家のマーチン・ファン・クレフェルトが書いたThe Transformation of War（邦訳『戦争の変遷』石津朋之訳／原書房）は、私が大学院生のときに読み、非常に感銘を受けた本です。原著は91年刊。まさに冷戦の終わり、ソ連の崩壊直前でした。クレフェルトは「教科書で見たことのあるような戦争のスタイルは、近代ヨーロッパに特有のものに過ぎない」という、大きな議論を仕掛けました。

クラウゼヴィッツが定義した戦争は、国家が何らかの政治目的を追求するために、軍隊同士が激しく戦い、たくさんの犠牲を出しながら、勝ったほうは相手に対して政治的要求をのませることができるというモデルです。クラウゼヴィッツはこれを決闘に例えました。

こうした古典的な戦争が存在する一方で、それ以外の戦争もたくさんあります。中世や近世のヨーロッパでは、全く異なるタイプの戦争がありました。死亡者の数も、戦争の目的も、戦争に対する世の中の評価も異なっています。

クレフェルトは、近代という時代が終わりを迎え、これからは中世的な戦争が先祖返りするように蘇ってくるだろうと予見しました。それは明確な政治的要求を持たない宗教戦争のようなものかもしれないし、そうした戦争の主体はハイテク軍事力なんか持てないだろうから原始的な武器で戦われるだろう、と言うのです。この辺は中東人ならではの視点という感じがしますね。

10年後の２００１年9月11日、米国で同時多発テロが起きました。このとき、クレフェルトは預言者のように見なされました。冷戦の時代は、戦争とは国家同士の戦いであり、その究極形は第３次世界大戦だろうと誰もが思っていたのが、実はそうではなかったということを目の当たりにしてきたのが、冷戦後の30年間でした。

ウクライナ戦争では戦い方が
昔に戻った部分があります。

3つめの戦い方について。新しいテクノロジーが登場すると、当然戦い方は変わっていきます。もっともウクライナ戦争においては、逆説的なことが起きていました。新しいテクノロジーが導入された結果、戦場における戦い方が昔に戻った部分もあるのです。24年2月に罷免されたウクライナのザルジニー総司令官が英エコノミスト誌に寄稿しているのですが、ドローンを大量投入した結果、敵味方が丸見えになってしまい、攻撃機動ができなくなってしまった。攻撃に出ようとしてもすぐ阻止される。守りの側が著しく有利な戦いになった。ザルジニーは、これは第1次世界大戦の時にそっくりじゃないかと言うわけです。

ザルジニーの寄稿を読んで、私は第1次世界大戦を描いたエーリッヒ・マリア・レマルクの『西部戦線異常なし』を読み返してみましたが、確かに似ていました。お互い動けないので、塹壕にこもっているしかない。動けば大砲を撃たれるから、夜間しか移動できません。

私たちの目の前にある戦争を、「戦争のあり方」と「戦闘のあり方」という軸で分類すれば、たくさんのバリエーションができます。例えば、古典的な戦争×新しいテクノロジー、中世の戦争×最新テクノロジー、または別の戦争×枯れたテクノロジー、というようにです。

山口　私も大学院のとき、本書をめぐってクラスの仲間と熱く議論したのを覚えています。

結局、戦争というのはケース・バイ・ケースであり、地域ごとに違うという結論になりました。中東やアフリカなどでは、宗教戦争や小さな紛争が増えてくる。東南アジアでも、やはりテロや内戦のリスクが大きい。しかし、東アジアでは、中国、北朝鮮、あとはロシアをめぐる大規模な戦争のリスクが常にある。

もちろん過去には日本でも連合赤軍やオウム真理教によるテロがありましたが、やはり中国、北朝鮮、ロシアによる脅威をより意識します。韓国も同じで、テロを意識していないと言うわけではありませんが、北朝鮮が最大の脅威となります。

小泉　クレフェルトの議論は、後に新しい戦争論へと発展していきます。それを牽引したのはイギリスの政治学者メアリー・カルドーです。彼女は『新戦争論』（山本武彦・渡部正樹訳、岩波書店）でクレフェルトの議論を下敷きにしながら、ボスニア・ヘルツェゴビナ紛争（1992年〜95年）を主に論じました。

ボスニア・ヘルツェゴビナ紛争の個々の戦闘は、低烈度のゲリラ戦に似ています。しかし、過去のゲリラ戦と違うのは、低烈度の暴力が勝利のために行使されているわけではないということだと言うのです。

それまでのゲリラ戦争というのは、毛沢東にせよ、ヴォー・グエン・ザップにせよ、日本軍や米軍を追い出して、独自の国家をつくるとか、社会主義国を建設するという目的がありました。これに対し、ボスニア・ヘルツェゴビナで戦っていたユーゴスラビア連邦軍の残骸のような連中とか、マフィアみたいな連中には、そうした政治目的はなかった。

彼らにとっては、ただ単に戦争が続いてさえいれば、ずっと威張っていられるので望ましい。だから、戦争がなるべく長引くように暴力を行使している、ということを、カルドアは見いだしました。

だからクレフェルト的な戦争の見方というのは有効だと思います。同時に、私はクレフェルトやカルドーの本を読んだ時、山口さんと同じことを考えました。つまり私たちはアジア太平洋に位置する日本にいますので、クレフェルトのいう中東や、カルドーのいう旧ユーゴスラビアみたいなことって、これから先、起きうるのだろうかという疑問です。

今、私たちが注視しているのは北朝鮮のミサイルであり、中国の海軍力の増強であり、南シナ海の環礁を基地化する動きです。でも、そのことと「新しい戦争」とはなかなか結びつきません。そうではなく、東アジアはむしろ古い戦争に向けてまっしぐらに進んでいるんじゃないかと思います。

クレフェルトは「トランスフォーメーション」という言葉を使い、戦争が次の形態に移っていくと主張しています。

私は、どちらかというと戦争は次の形態に移るのではなく、拡張していくのではないかと思っています。戦争のコアの部分には古い戦争モデルがある。テクノロジーの発達や人間社会の変化などによって、外側に異なる戦争のやり方が生まれていく。さらに戦争が拡張し、その外側にも、別の戦争のやり方が発生していくというイメージです。

古い戦争は奥の方に行ってだんだん見えなくなりますが、状況次第によって蘇ることがある。そういう感じではないかと思います。

今回のウクライナ戦争は、まさに時代状況の変化によって大穴が開いてしまい、100年前の戦争に戻ってしまったということなんだと思います。

だから、古くさい戦争と言っても、その戦い方の幅はサイバー空間も含め拡張していっている。そういうイメージです。

山口　私は大学院の安全保障の最初の授業で、クラウゼヴィッツの『戦争論』や、主な戦略に関する理論を叩き込まれました。当時は何のことかちんぷんかんぷんでしたが、「戦争とは政治目的を実現するための手段である」という有名なテーゼが、軍事や戦争について考える上で、それだけ重要だということがわかりました。

クラウゼヴィッツの戦争論はリアリズムの権化みたいなところがあって、基本部分は今も変わっていないと思います。ただ戦争で使う兵器や戦闘の空間、人々の戦争へのかかわり方はずいぶん変化してきました。小泉さんが言われた「拡張」というイメージはとても腑に落ちます。

しかし、変化の最中にはなかなかその姿が見えません。後になって振り返るとわかってきます。第2次世界大戦、朝鮮戦争、ベトナム戦争、湾岸戦争、9・11、ボスニア・ヘルツェゴビナ紛争、イラク戦争、ウクライナ戦争を振り返ると、いくつかの変化が見えてきます。

昔の戦争は、人間同士の殴り合いの延長というか、単純でわかりやすかった。相手国が、自国の要求を受け入れなかったり、嫌がる行為をやめようとしないので、もう戦うしかないと、交戦に至る。

今の戦争はわかりにくい

今の戦争はわかりにくくなっています。それは何かといえば、殴り合いの戦い以外に、見えにくい、またははっきりしない戦いがあることです。1つはサイバー攻撃や認知戦、もう1つはグレーゾーン事態です。要するに完全な有事ではないものの、じわじわと相手を懐柔したり弱らせたりして現状を変更し、次のステップとして攻撃が行われるものです。

安全保障や防衛のことを考えると、どうしても有事か平時か、戦争か平和かと白黒をつけたくなります。でも、その白黒の間にはグラデーションがあり、今はグレーの部分が大きくなっていると思います。

英語で言えば、「war」は完全に殴り合いの戦争です。でも「conflict」はお互いの意見、考えが一致してない状態なので、そう考えれば、現代の世界はどこも conflict だらけですね。また、先ほどの「拡張」のロジックを使うと、「戦争」の定義の幅はかなり広いですし、武力交戦に限られるものではない。日本は平和と言いますが、戦争というものを広く定義すれば、すぐ近くではすでに戦争が起きていると言えます。

実際、朝鮮半島は休戦中ですが、戦争は継続していることになっているし、緊張がかなり高まっている。台湾と中国もハイブリッド合戦の最中で、戦争状態と言えなくもない。

日本に対してもさまざまなハイブリッド的な攻撃が来ています。なので、日本もいくつかの conflict の中にいる。戦争をどう定義するかによりますが、日本も戦争の一歩手前というか、戦争の初期段階に入ってきているんじゃないかとも思います。

小泉　このことは、本書の大事なテーマの1つです。山口さんのご指摘の通り、私たちは古典的な戦争にだけ備えていればいいわけではない。

クラウゼヴィッツに言わせれば、戦争とは基本的に暴力の戦いであり、暴力で勝ったほうが自らの意志を強要できる。逆に言えば敗北とは自由意志を奪われることだから、そうならないように相手を上回る暴力を行使しないといけなくなり、こうして暴力は無限にエスカレートする。このような考えに基づいてクラウゼヴィッツは「絶対戦争」という概念を提起しましたが、その行き着く果ては第2次世界大戦でした。

第1次世界大戦では、戦争による死者が千万人単位に達しました。第2次世界大戦で再び千万人単位の人が亡くなり、しかも今度は核兵器が登場しました。

これは歴史の大きな分かれ目だったと思います。次にやってくるであろう第3次世界大戦は、もはやクラウゼヴィッツの言うような政治目的を追求するための暴力闘争なのかどうかが疑わしくなってくるからです。人類が破滅するような暴力行使というのは、果たして古典的な意味でいう「戦争」なのか？　核兵器は戦争の道具としての「兵器」なのか？　ただの人類自殺装置ではないのか？

例えば米国の戦略家ジョージ・ケナンは、1947年の時点で「もう戦争はできない」と見抜いていました。モスクワに赴任していた彼は「長文電報」を打って、トルーマン・ドクトリンに大きな影響を与えました。その後、米国に帰国した彼が軍の大学で行った講義の講義録には、『戦争以外の手段』(邦訳なし)というタイトルがつけられました。

核兵器が登場すれば、大国間の戦争は不可能になる。しかしソ連の共産主義との闘争がなくなるわけではないから、戦争以外の方法でソ連と競争することを考えるべきだということを、早くも述べたのです。

当時注目されていたのはテレビやラジオといった電波を使うマスメディアです。電波なら国境を超えて相手国に直接、こちらの望ましい情報を届けることができる。だから冷戦期には西側も東側も、巨額の資金をかけて宣伝放送を流し合いました。

一方、ベトナム戦争以降には、これと違った意味で情報が威力を発揮し始めます。戦場カメラマンが戦場に入って、国家のお仕着せではない生々しい写真が報道されることで、世界中の反戦運動に火がつきました。戦闘では米国が勝っているのに、戦争に勝てなかった理由がこれです。正規軍同士での戦いでは強いイスラエルが、パレスチナの民衆やゲリラ組織に勝てなかった理由もここに求められるでしょう。

こうした状況を観察した米国の戦略家ウィリアム・リントは、「これからは夕方のニュースが1個機甲師団と同じ力を持つようになる」という有名な言葉を残しています。

もう1つ、さきほど山口さんが指摘した人々の側の変化についてですが、ロシア革命後にアルゼンチンに亡命したエフゲニー・メッスネルという軍人は、「世界革命」という概念を提示しています。第2次世界大戦後に民主化が進む中で、人々は国家を絶対視しなくなった。国家のために死ぬことは、昔は良いことだったけれど、今はそうは思われていない。また国家のために人をたくさん殺すのは、昔は当たり前だったけれど、今はそうは思われていない。こうした何百年に一度しか起きないような価値観の変化と核兵器の登場によって、クラウゼヴィッツがいう国家間の「決闘」としての戦争はやりにくくなったというのです。

戦争の変化はまだら状に起きています。古典的な戦争ができなくなった領域があります。例えば米国とロシアの戦争はいまだにできません。おそらく米国と中国の戦争もできないと思います。核を持っている同士ですから。

でも中国と日本の戦争はあるかもしれない。実際に、米国とロシアは戦争をしていませんが、ロシアとウクライナとの戦争は起きてしまった。

このように20世紀以降、とりわけ第2次世界大戦の後、戦争には変わった部分と、変わっていない部分があります。日本はその両方を見なければいけません。

山口　確かに、民主化などにより、戦争に関与する国家や政府に向ける目が厳しくなりましたね。第1次、第2次世界大戦では、国家に対する批判は正面切ってありませんでしたが、ベトナム戦争では批判が高まり、大きなデモが世界中で起きました。米国では政府がひっくり返りそうなほどの政治的、社会的混乱が生じました。

90年代以降、ケーブルテレビやインターネットにより、私たちはメディアを選びやすくなりました。2003年のイラク戦争では、「CNNもABCもフォックスも米国のプロパガンダで信用できないから、アルジャジーラを見る」という人が現れました。

また、権威主義国家においては、国家がメディアやインターネットを統制していますが、VPNを用いれば規制を突破できる場合が多い。メディアの発達によって、人々の戦争や政治に対するまなざしが大きく変わりましたね。

軍事作戦にずっと参加してきたオーストラリア

山口　ここで私が育ったオーストラリアについて触れます。オーストラリアは、米国の同盟国である点は日本と同じですが、さまざまな軍事作戦に直接参加してきた点は、大きく異なります。

小泉　オーストラリアは第2次世界大戦の後、日本への占領軍にも加わっていますね。実際、日本の中部地方はオーストラリアが占領していました。

山口　オーストラリアは、２つの世界大戦、マラヤ危機、朝鮮戦争、ベトナム戦争、東ティモール紛争、イラク戦争、アフガニスタン戦争など、さまざまな戦争に参加してきました。東南アジアの戦争はオーストラリアに近いという理由がありますが、遠く離れた戦争にも参加するのは、英国や米国との同盟関係があり、そして同盟への参加姿勢が非常に強いからです。

ですから、オーストラリアでは、安全保障や軍事問題を学ぶことは、単に国防ということだけでなく、自分たちの命にかかわる問題について学ぶことという意識や意気込みがありました。

私の何人かの友人も戦争に行き、帰らぬ人になった者もいます。私は自衛隊の受験に失敗して、オーストラリア陸軍への入隊を志願しましたが、もしあのまま入隊していたら、戦場に行っていたかもしれません。

小泉　オーストラリアという国は、冷戦前より冷戦後のほうが戦争が身近になっている気がします。ネヴィル・シュートの『渚にて』（佐藤龍雄訳、創元ＳＦ文庫）というオーストラリアが舞台の小説があります。核戦争で世界がすべて破滅しますが、オーストラリアだけが残る。しかし、次第にオーストラリアに放射能が迫ってきて、最後の時をどう過ごすか……という話です。オーストラリアは地理的にも冷戦の最前線ではないので、第3次世界大戦が起きても、自分たちが真っ先にやられるとは考えていなかったと思います。

ところが、冷戦が終わってみると、オーストラリアは米国の戦争にずいぶん付き合っており、戦死者も出してきました。

さきほど山口さんが言われた東ティモール紛争もありました。中国の海軍力拡張が問題となって、AUKUS（オーカス：米国、英国、オーストラリア3国の安全保障の枠組み）で、原子力潜水艦を持たされることにもなりました。一方で、オーストラリア政界が中国の浸透工作で揺れたこともありましたね。

山口　確かにオーストラリアをめぐる情勢は常に流動的な感じがします。私が大学生の頃は、中国が脅威という意識はあまりなく、むしろインドネシアがいちばんの脅威でした。インドネシアはすぐ隣にある大きい権威主義国であり、軍も強く、思想面でもずいぶん違う。東ティモールをいじめているのはけしからん、という声もありました。

それが2000年代半ばあたりから、中国がインド太平洋地域における現状変更勢力として台頭し、またオーストラリア国内でも中国の経済的影響が大きくなっていることから、脅威に見られるようになりました。東南アジアやオセアニアを超えて「インド太平洋地域」を意識し、米国だけではなく日本やインドなどの国々とも協力しようという動きも、中国台頭と大きく関係しています。

私が高校生になる頃までは歴史教育による反日感情と民族的・人種的な差別意識の双方があり、私も厄介な思いをしました。日本人であることから、暴力を振るわれることもありました。私は韓国にも長年住んでいましたが、せいぜいいちゃもんをつけられるくらいだったので、それよりも酷かったです。

ですから、当時は日豪や日米豪の安全保障協力なんて想像もできませんでした。ところが、２０００年代後半以降、情勢は大きく変わり、日本とオーストラリアはお互いにとって米国に次ぐ不可欠なパートナーになりつつあります。

防衛「イエスかノーか」の先の議論を

小泉　オーストラリアには、国家間のパワーバランスを保って抑止力を維持していかないと、戦争は防げないという危機感があるんだと思います。

私の子供時代、大人たちの一定の割合は、日本は軍備なんか放棄したほうがいいと考えていました。自衛隊のようなものはむしろ持たないほうが安全である、憲法9条に戦力は保持しないと書いてあるじゃないかと。前回の戦争では日本は侵略した側なので、日本が妙なことをしなければアジアはずっと平和だ、だから在日米軍を追い出し、日本が非武装中立国になれば戦争は起きないという意見が、良識的な知識人の中にありました。

第2次世界大戦では日本が侵略側だったので、それに対する反省というのはわかるのです。だから日本が二度と侵略する国になってはいけないという意味での平和主義には大いに賛成です。しかし、今問題になっているのはそこではない。軍事力を用いて現状を変更しかねないのは中国や北朝鮮であって、そのような事態を引き起こさないためにどうやって抑止力を効かせるのかを、同時に考えねばなりません。

実際、日本はどのような危機に直面する可能性があって、それに対してどこまで準備するのかを詰めていかなければならないのです。

第2章の「国防計画」のところで詳しく議論をしますが、当然ながら我が国のリソース(人、モノ、カネ)は限られています。GDPすべてを国防に注ぎ込んだら、一時的には安心かもしれないけど、日本経済は破綻してしまいます。軍拡競争の悪循環にも陥るでしょう。

本書では我々の持っているリソースは何か、対抗すべき脅威は何か、その限られたリソースをどう使うのかという話までしていけたらいいと思います。

山口　若い頃は、日本って曖昧というか、変わった国だなとつくづく思っていました。平和は大事ですが、そのためには備えが必要です。私が英国、オーストラリア、米国というマッチョな国で育ったということもありますが、自分の身は自分で守れというのは当たり前のことだと幼少時から教わりました。特に田舎にいると、何かが起きても警察が来る迄には間に合わないし、相手は武装している可能性もある。安全保障においても、あらゆる状況を想定して、直接的、間接的な脅威には徹底的に対峙しなければならないという意識が強い。

ずっとそんな環境で生きてきたので、日本に帰ってきて、あまりの無防備さにショックを受けました。

私は我が国の防衛を強化すべきだと思っていますが、武力に頼らず、対話を通じて平和で協力的な関係を築いて世界中の様々な問題を解決できるなら、当然それに越したことはありません。同時に過去に我が国が犯した過ちを忘れず、それを繰り返さないことも大事です。

平和主義はとてもいいことですが、平和憲法を北朝鮮や中国やロシアにかざして、うちは平和主義なので攻撃しないでください、話し合いましょうと言っても、相手は絶対聞いてくれない。むしろ戦いにくいところを突いて攻めてくる可能性が高い。守れるうちに守らないと、すべてを失う恐れがある。お互いを尊重し、協力しながら、自分を守ることが平和への道だと思います。

小泉　自分の身は自分で守るというのはロシア人でも同じでしょう。世界ではそっちのほうが多いというか、まぁ日本があまりにも特殊なんですよね。日本独特の平和主義はどこから来ているのか考えれば、第2次世界大戦であまりにもひどいことをし、ひどいこともされたという二重の記憶だと思います。

だから、平和主義というよりは非軍事主義、軍事や軍隊にかかわることすべてが嫌、という方向に日本社会は向かったのかなと思います。日本人の民族的体験として、そういう気持ち自体は理解できます。問題は、そうした民族的な記憶をどう21世紀につなげていくかです。

山口　日本に帰ってもう1つショックだったのは、日本で防衛や戦争に関する議論は「イエス・ノー」の話になってしまうことです。日本以外の大半の国では、防衛問題は「イエス・ノー」ではなく、「ハウ（how）」の話です。防衛力を強化するという面では、もちろん国の他の課題とどうバランスを取るかについて議論もしますが、大抵の場合コンセンサスが取れています。我が国の場合、防衛を考える人とそれを否定する人が全くかみあわず、建設的な議論ができていないように感じます。

軍事化された政治や社会は自由民主主義や個人の権利に反しますし、侵略行為は当然許されるものではありません。ただそれでも、安全保障と防衛はすべての人々に影響します。私たちはよく知り、考え、備えなければなりません。

小泉　日本の特殊なところは、「そもそも自国を軍事的に防衛することは是か非か」から議論が始まることです。世界各国がそこから議論を始めてくれるならいいのだけれども、現実はそうではありません。

山口　防衛をどう考えるか。兵器があるから戦争が起きるのか、それとも戦争が起きるから、兵器があるのか、そこが1つの大きなポイントだと思います。私は後者だと思っています。戦争が起きるから軍事技術が発展していく。同じように脅威があるからこそ、それを抑止し、場合によっては防衛するために防衛力を強化する必要がある。そこには「戦争を避けるために戦争に備える」という、矛盾もあります。

小泉　私は両方あると思っています。それはまさに「安全保障のジレンマ」です。もともと人間は争うものだから武力を求めるし、その武力自体も戦争の火種になっていきます。トゥキディデスの罠(注)はそういう話です。

2030年代を見通せば、国と国の不信感が消え、戦争が根絶される究極的な帰結にはまず至らないだろう、そうした前提の中で日本は何に備え、何をするのかということを考えていけたらなと思っています。

臨戦状態にある台湾・韓国

小泉　山口さんが、ここは軍事的に緊張しているなとか、最前線だなと感じた場所や光景はどこですか？

山口　2つ上げるなら台湾の金門島と朝鮮半島の38度線ですね。金門は緊張というところまではいかなかったかもしれません。

小泉　金門は私もこの前行きました。意外とのんびりしていました。

山口　落ちついている印象でしたが、目の前に中国があって、ここでもし何かあったらと、嵐の前の静けさみたいな空気を感じました。

小泉　金門の6キロ先が中国大陸です。島全体が要塞で、そこら中にトンネルが掘られています。1992年までは戒厳令が施行されていたそうです。海岸近くの村では村ごと民兵組織にされていて、10歳以上の子供は補助隊員、女性も皆民兵として軍隊に組み込まれていたとか。いいか悪いかというと、いいことではないはずですが、とにかく日本のすぐ隣の国はこのくらいの緊張状態にあったわけですね。

山口　もう1つは38度線です。板門店（パンムンジョム）だけでなく、境界線付近の韓国軍基地や、延坪島（ヨンピョンド）や白翎島（ペンニョンド）など、限りなく北朝鮮に近い島にも行きました。軍事境界線はとても静かなところなのですが、目の前には北朝鮮があります。国境にはたくさんの地雷が敷設されています。

北朝鮮に近い江原（カンウォン）特別自治道華川（ファチョン）郡にある第27歩兵師団の基地を訪問した時には、「我々はこのまま戦うぞ」という、大きなパネルが掲げられているのを見ました。このスローガンの意味を隊員に聞いたら、「有事になったら、私たちを含む前線の部隊は10分以内に全滅します。しかし、韓国を守るには、何が何でも徹底抗戦し、北朝鮮の侵攻を遅らせなければなりません。それが私たちの任務です」と言われました。

小泉　「臨戦態勢」なんだっていうことですよね。台湾にしても韓国にしても、そういう国がすぐ隣にある。日本もそうなればいいとは決して思いませんが、多少認識を摺り合わせるよ

（注）トゥキディデスの罠　古代ギリシアの歴史家トゥキディデスが、『戦史』で描いたことに基づく地政学的概念。新たに勢力を伸ばす新興国が現れて、それまで覇権を握っていた大国の不安が高まることによって、両者が戦闘状態になること。

うなことをすべきだと思います。

山口　日本は「もし、万一、戦争が起きたら」という感覚で考えていますね。でも韓国と台湾へ行くと、戦争は「もし」とか「万一」の話ではなく、「いつ」の問題なんだなとつくづく感じました。

また、韓国には徴兵制があり、台湾も徴兵制を復活させました。ほとんどの男性が兵役を経験したか、いずれ経験することになります。町中に軍人がいますし、軍隊は話のネタになっている。ですから、軍や防衛は社会や国民生活の一部であると言えます。

小泉　徴兵制があって、国民と軍隊との距離が近いのはロシアも同じです。もっともロシア人も、さすがに大砲の集中射撃を食らい、前線の基地が10分で全滅するみたいなことは、長年あまり考えてこなかったと思います。徴兵逃れは当たり前だったし、軍隊に行くほうがバカだとか、そういう雰囲気でした。

ウクライナも同じです。ウクライナは2013年秋の徴兵を最後に、徴兵制を廃止していました。ところが、その半年後にロシア軍が攻めてきました。こんなことはあり得ないと思うことが結構簡単に起きますから、将来予測というのは実に難しい。

Column 1

厳しさを増す安全保障環境

小泉　悠

２０１４年2月、ウクライナで政変（マイダン革命）が発生すると、ロシアはクリミア半島に軍を派遣して電撃占領し、3月にはこれを自国に「併合」したと宣言した。4月以降にはウクライナ東部のドンバス地方でも親露派武装勢力による蜂起が発生し、「独立」を宣言。一時は停戦合意が結ばれたものの、22年2月には今度はロシアがウクライナ全土に対する侵攻に踏み切り、米国を中心とする西側諸国は大規模軍事援助でウクライナの抵抗を支援する構えを見せた。戦闘自体はウクライナにおける局地戦に留まったものの、米国陣営とロシアが軍事的に激しく対立するという状況がヨーロッパに再び戻ってくることになった。

比較的安定していると見られていた日本周辺の状況も大きな変化に見舞われている。

著者たちが子供時代を過ごした１９９０年代と比較してみよう。当時、山口が専門とする朝鮮民主主義人民共和国（北朝鮮）はまだ初歩的な弾道ミサイル能力しか持たず、核兵器は開発途上に過ぎなかった。何より、「苦難の行軍」と呼ばれた深刻な経済危機によって北朝鮮は餓死者まで出す有り様であり、東ドイツが西ドイツに併合されたように、いずれは韓国に併合されるだろうとさえ

図表1　北朝鮮による弾道ミサイル発射の内訳と推移

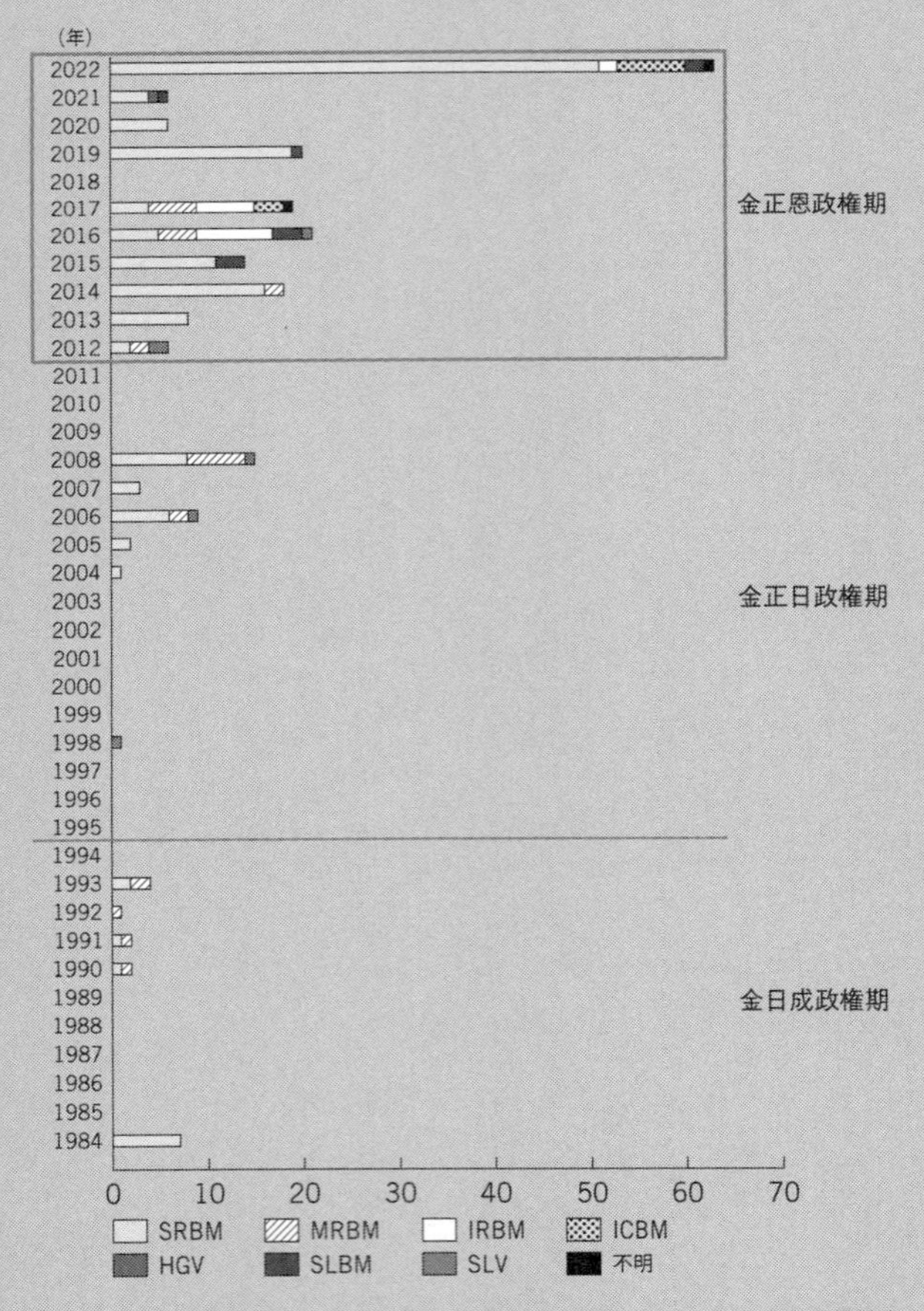

（注）SRBM：短距離弾道ミサイル　MRBM：準中距離弾道ミサイル　IRBM：中距離弾道ミサイル　ICBM：大陸間弾道ミサイル　HGV：極超音速滑空体　SLBM：潜水艦発射弾道ミサイル　SLV：人工衛星打ち上げ用ロケット

（出典）*Missiles of North Korea*, Missile Threat（CSIS Missile Defense Project）より作成

図表2 中国の公表国防予算の推移

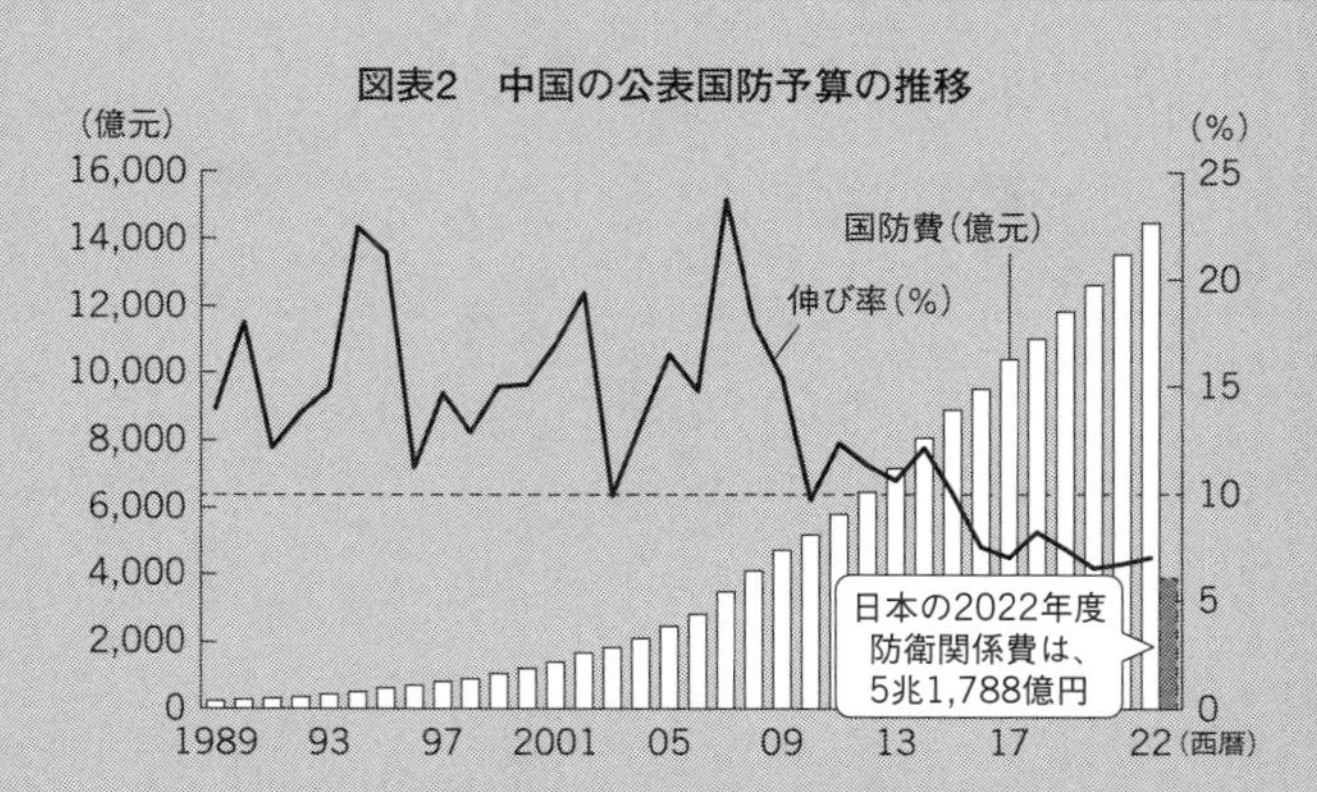

（注）「国防費」は、「中央一般公共予算支出」（2014年以前は「中央財政支出」と呼ばれたもの）における「国防予算」額。「伸び率」は、対前年度当初予算比。ただし、2002年度の国防費については対前年度増加額・伸び率のみが公表されたため、これらを前年度の執行実績からの増加分として予算額を算出。また、16年度及び18～22年度は「中央一般公共予算支出」の一部である「中央本級支出」における国防予算のみが公表されたため、その数値を「国防費」として使用。伸び率の数値は中国公表値を含む。

（出典）令和4年度版『防衛白書』より

図表3 中国の地上発射型ミサイル配備数の推移

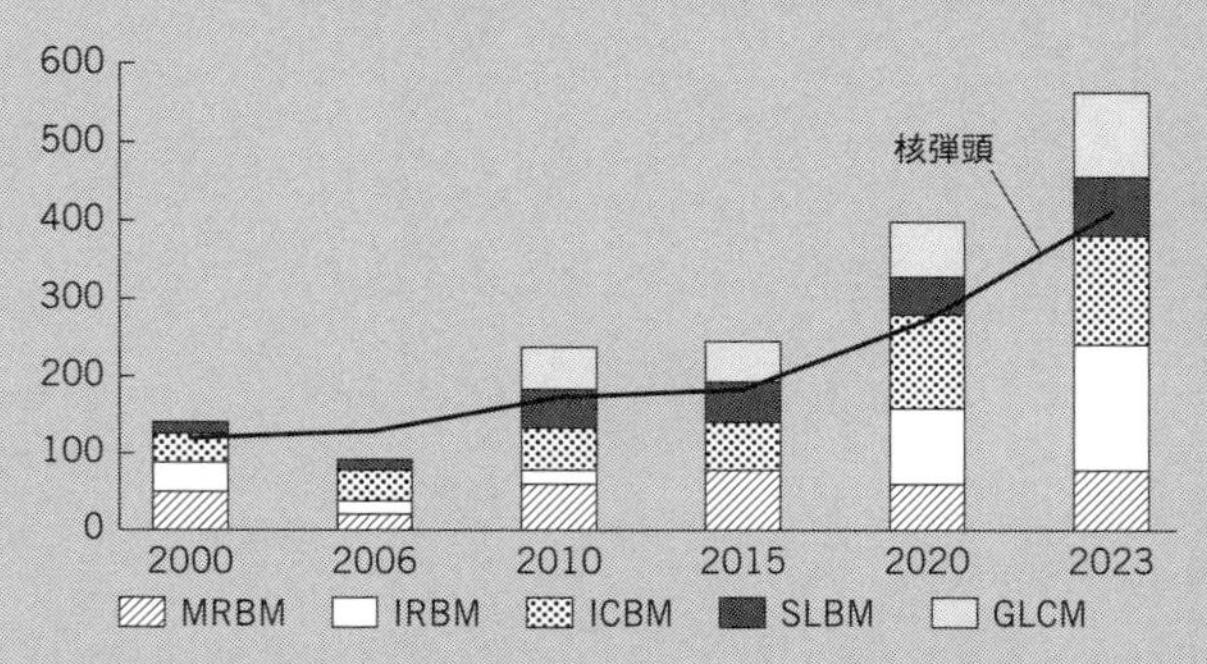

（注）MRBM：準中距離弾道ミサイル　IRBM：中距離弾道ミサイル　ICBM：大陸間弾道ミサイル　SLBM：潜水艦発射弾道ミサイル　GLCM：地上発射巡航ミサイル

（出典）The Military Balance 及び Nuclear Notebook: Chinese nuclear weapons 各年度版より作成

言われていた。

ところが、北朝鮮は金正日(キム・ジョンイル)政権下で初の核実験（2006年）を強行し、続く金正恩(ジョンウン)政権下ではは本格的な弾道ミサイル能力とこれに搭載可能な核弾頭を完成させるに至っている（図表1）。これにより、日本が想定する安全保障上の懸念国3カ国（ロシア、中国、北朝鮮）すべてが核保有国であるという状況が生まれた。

中国の軍事力増強はさらに凄まじい。同国は1964年に初の核実験を成功させて核保有国となっていたが、冷戦期から90年代までは深刻な脅威と見做されてこなかった。そもそも70年代に米中が電撃的な和解を遂げて以降、両国はソ連抑止を睨んだ準同盟関係にあったのだから、日本としても中国をそう取り立てて軍事的な問題として見る必要性は薄かった。

これに対して2000年代以降の中国は、ロシア製兵器の導入と独自開発によって急速に軍事力の質的改善を図ってきた。兵力自体は2000年頃と比較して45万人近く減少したものの、国防費は公表ベースでさえ37倍にも増加して世界第2位となり、近代的な艦艇、航空機などの保有数も大幅に増加している。核・ミサイル戦力の増強も急ピッチで進んでおり、米国防総省の推定では2030年代半ばまでに米露並みの1500発前後の核弾頭を保有することになると見られている(注)（図表2、図表3）。

これらの事例が教えるのは、戦争のありようはただ変化するだけではなく、時に先祖帰りするということだ。過去30年間で最も厳しい状況に我々が立たされていることはたしかである。

(注) U.S. Department of Defense, *Military and Security Developments Involving the People's Republic of China 2022*, p. 98.

第2章

軍事力とは即応力である

軍事ランキングは当てにならない

小泉　第1章の最後で述べたように、将来起きる事態を予測するのは極めて難しいのですが、本書では「こういう範囲で物事が起きる可能性がある」という見通しを示せたらと思っています。本章では、そのための1つの土台として、軍事力とは何かを議論していきます。

各国別の軍事力調査というものがあります。メディアでよく紹介されるのはグローバルファイヤーパワー（Global Firepower）の調査です。なぜよく引用されるかといえば、無料であるのと、わかりやすいランキングになっているからです。

しかし、軍事力のランキングというのは、あまり意味がありません。例えばウクライナ戦争前のロシア軍は、定員が101万3628人、実数90万人ぐらいでした。一方、北朝鮮の人民軍は100万人とか110万人でした。単純に数だけ見ると、北朝鮮のほうがロシアより多いということになります（図表4）。

でも、ロシア軍よりも北朝鮮軍のほうが強いとは誰も思いません。そこでまず、軍事力において兵隊や兵器の数以外の要素は何かという話をしてみたいと思います。山口さんはオーストラリアの大学院で国防計画（ディフェンス・プランニング）を専攻したそうですが、そ

図表4　世界主要国及び日本周辺における兵力の推移（単位：万人）

	2000年	2005年	2010年	2015年	2020年	2023年
米国	136.6	147.4	158	143.3	138	136
中国	247	222.5	228.5	233.3	203.5	203.5
ロシア	100.4	103.7	102.7	77.1	90	119
日本	23.7	24	23	24.7	24.7	24.7
韓国	68.3	68.8	68.7	65.5	59.9	55.5
北朝鮮	108.2	110.6	110.6	119	128	128
台湾	37	29	29	29	16.3	16.9
インド	130.3	132.5	132.5	134.6	145.6	164.4

（出典）The Military Balance 各年度版より作成

こでは戦力を測る方法などを学んだのですか？

山口　結論からいうと、戦力を正確に測ることはできません。メディアでは兵器や兵隊の数を軍事力として伝えがちですが、量よりも質が大切です。とりわけＣ４ＩＳＲ（指揮・統制・通信・コンピューター、情報、監視、偵察）、教育・訓練、そしてロジスティクスを含む運用能力などが重要であり、これらの数値化はほぼ不可能です。

スポーツの場合、各選手の能力や過去の成績などのデータに基づき、ある程度の順位をつけることができますが、実際のところどれくらい強いのかを測るには、試合しかありません。いい選手がそろっていても、戦い方によって結果は違ってきますし、監督、試合会場、選手のコンディションなど、様々な要素が関係してきます。

軍事とスポーツは、戦力やコンディション、戦い方や戦地など、共通点があります。しかし、軍事においてはそれらはスポーツ以上に勝敗を大きく左右しますし、その他にも異なる点が多くあります。スポーツは決まったルールに従って行われるので、ある程度測れる数字がありますが、軍事の場合は様々な面で非対称な部分が多くなります。過去の戦績に関しても、それぞれの戦争や作戦の背景や内容が異なるので、あまり参考になりません。

そもそも私は軍事力という言葉自体、単純化の傾向があるので、あまり好きではありません。国防計画で一番重要なのは「即応力」と言われます。即応力とは、有事に発生した事態に対して直ちに対応できるか、任務や作戦を遂行できるかということに基づくものです。単に装備の性能だけでなく、運用の質が問われます。

小泉　スポーツだって、今年どこのチームが優勝するかは誰にも分かりませんよね。チームの強さを完全に客観的な方法で測定することはできないからです。まして軍事力の場合は考慮すべきファクターがはるかに多い。「即応力」を基準にするという考え方は面白いので、もう少し詳しく説明してもらえますか。

構造即応力と運用即応力

山口 即応力は、「構造即応力」と「運用即応力」の2つに分けられます。構造即応力とは、艦船や航空機、戦車の数などの兵器や装置、インフラ、いわゆるハードウエアを含む概念です。一方、運用即応力は、ロジスティクス、修理、メンテナンス、教育、訓練などを意味します。

とりわけ運用即応力が重要です。運用即応力が軍の能力を左右すると言っても過言ではありません。どれだけスペックの高い兵器をそろえたとしても、うまく使えなければ意味がありません。企業に例えれば、どんなに良い立地にある立派なビルにオフィスを構え、高性能のパソコンや複合機を揃えても、電気や水が不十分で、機器や施設の管理、スタッフの教育・研修が雑であれば、会社がうまく機能しないのと同じです。この構造即応力と運用即応力を高いレベルで構築、維持することが、国防計画における国と軍の腕の見せどころです。

また、即応力を強化させるには、工業力とともにイノベーション力が不可欠です。それには軍民の教育・研究機関の高い水準と、双方の連携が必要です。米国が軍事先進国である理由の1つは、DARPA（Defense Advanced Research Projects Agency：国防高等研究開発局）という軍事技術の研究開発を担当する機関が存在し、国防総省が多くの企業と連携しているということです。

中国、北朝鮮、ロシア、韓国にも似たような仕組みがあります。日本にも防衛装備庁がありますし、２０２４年10月には「防衛イノベーション科学技術研究所」が発足しました。

結局、高い即応力を持つには高いマネジメント能力が求められます。でも、これは「言うは易く行うは難し」。何が必要で何をするべきかを決め、実行するだけでなく、財政面も考慮しなくてはなりません。(注)予算規模を定めてバランスのとれた配分を行う必要があります。ハードウエアの多くは一度購入すれば済みますが、それを動かし管理するには定期的な支出が伴いますから、先々のことまで考慮に入れなくてはなりません。

国防計画の無駄な部分を是正しなければ、いくらリソースを注ぎ込んでも、即応力は向上しません。これでは穴が空いたバケツに大量の水を注ぎ続けるのと一緒です。

小泉　運用即応力というのは、主に何によって決まるのですか？

山口　中心となるのは、メンテナンス・修理・オーバーホール（ＭＲＯ）能力、補給・後方支援、サプライチェーンを含むロジスティクスです。「腹が減っては、戦はできぬ」という言葉通り、軍事計画の関係者は「戦争のプロは兵站を語り、素人は戦略を語る」と言います。

過去の戦争を見ても、ロジスティクスが明暗を分けたケースは非常に多い。戦争や軍事作戦には多くの不確定要素が伴うので、ロジスティクス能力はいくらあっても不足します。

次に重要なのは、教育訓練です。これは技能と練度を高めるとともに、戦略、作戦、戦術との整合性を確立する上でも欠かせません。また、近年はトップダウンの中央集権型から、最高司令官が核心的な計画を指揮し、隷下部隊は率先して最適な方法で遂行すること（centralized command and control, decentralized execution：集権的指揮統制、分散型実行）が合理的と考えられるようになりました。

この自律分散型のモデルをうまく機能させるには、隷下部隊と構成員には戦略・作戦・戦術的なリテラシーとともに、自らプランA、プランB、プランCを考え、判断して実行する能力が求められます。これは民間企業における課題と共通します。時には自分で考え、自分で対処することが重要なのです。

小泉　いわゆるＩＳＲ（情報・監視・偵察）は、運用即応力ですか、構造即応力ですか？

山口　両方にまたがっています。レーダーやセンサー、ネットワークやコンピューターなど

（注）Klaus, Knorr, *Military Power and Potential. Lexington* (MA: Heath Lexington Books, 1970)

のハードウエアは構造即応力で、ハードウエアを動かす能力は運用即応力に分類できます。

即応力の質を測る困難さ

小泉　運用即応力はどうやって測るのですか？

山口　運用即応力を正確に測るのはなかなか難しい。教育訓練の質やロジスティクスをどう測ればいいのか。もちろん測れるものもあります。例えば、A地点からB地点まである重さのものを運ぶのにどれだけ時間がかかり、何台のトラックや何リットルの燃料が必要だとか、またはある作戦を実行するには、どれくらいの食料や燃料が必要で、何時間ほどの訓練が必要だとか。そういうものはある程度測れますが、質の面を測るのは極めて難しい。

今までの戦争で、ロジスティクスがダメだったから負けた、あるいは苦しんだというケースが多々あります。ロシアがウクライナ侵攻で苦戦しているのも、ロジスティクスが1つの大きな要因ですし、第2次世界大戦の日本やドイツもそうでした。

即応力を測る方法はなくもないのですが、一部に過ぎず、結局はアバウトなものになってしまいます。そもそも戦争自体が計画通り進むものではありませんから。

小泉　2つ思い浮かぶ事例があります。1つは、関東軍のソ連課長だった林三郎が戦後、本に書いていることで、満州に対するソ連軍の侵攻能力を見積もろうとした話です。

林は、ソ連の軍用列車が一編成当たりどれだけの資源を運べるかを仮定し、極東から産出する資源量を把握することで、対日侵攻用に用いる兵力を見積もろうとしました。でもうまくいきませんでした。なぜなら、資源産出能力を見積もること自体難しい上、一編成当たりの列車がどのぐらいの資源を運べるのかも、うまく計算できなかったというのです。

もう1つ。東西冷戦下の米国では、国防総省のアンドリュー・マーシャル率いるネットアセスメント局などの部署が、ソ連の軍事力をモデル化して把握しようとしました。例えば「機甲師団指数」のような尺度を作り、ソ連の機甲師団が米国の機甲師団に比べどのぐらい能力があるのかを導き出しました。コンピューターを使って、実際の独ソ戦と照らし合わせ、ＣＩＡが摑んできた情報も動員し、このモデルが合っているのかどうかを懸命に調べました。

その結果、ある程度信頼性のおけるモデルができたそうですが、結局米国の国防総省と情報コミュニティーが総力を挙げてようやくできるような話です。なかなか簡単ではないというか、素人にはできないことだと思います。

本書では軍事力について、もう少し基礎的なことと質的な面を中心に議論したいと思います。

山口　国防計画や国防運営にはいろいろな分析法があります。例えばオペレーションズ・リサーチ（ＯＲ）は、兵力、装備、訓練、ロジスティクス、メンテナンス、作戦区域、天候などをさまざまな統計や数学技法を使って分析し、最も効率的な方法を叩き出すものです。

また、政治、軍事、経済、社会、情報・資料、施設、物理的環境、時間を考慮して作戦変数を分析する「ＰＭＥＳＩＩ－ＰＴ」や、任務、敵、地形・天候、動員可能な部隊・アセット、時間、民間への影響・留意点で任務変数を計算する「ＭＥＴＴ－ＴＣ」があります。

これらは国防計画や運営、軍事作戦の効果や効率性を高めますが、完璧ではありません。どれだけ分析をして、国防計画や運営に盛り込んでも、本番ではしばしば予測が外れてしまうからです。

１９０４年～05年の日露戦争においては、戦力面では一見ロシアのほうが優位でしたが、なぜ日本が勝てたかといえば、作戦と戦術が勝っていた、さらには日本にとって有利な場所で戦うことができたからです。

これは最先端の即応力を誇っていた米国が、ベトナム戦争でゲリラ兵に苦戦したのと同様です。明らかな戦力の差があっても、結果が逆に出ることがあります。単純な軍事力比較は当てになりません。まだ即応力のほうがわかりやすいですが、作戦や戦術に左右されますし、他にも多くの不確定要素があるので比較は難しいと言えます。

軍事力のあいまいな部分を抑止力にせよ

小泉　戦争を仕掛ける側からすると、これだけの兵力を投入すれば勝てるという確信がなかなか持てないわけですから、これは難問ですよね。

実際、ウクライナ戦争では、ロシアは簡単に勝てるだろうと思って始めましたが、そうはいきませんでした。ウクライナ側も２０２３年に反転攻勢をかけようとしましたが、失敗に終わりました。

なぜそうなってしまうかというと、戦争の勝敗には数的な要素だけでなく、兵站がどれだけうまくいっているかとか、相手の士気をどのぐらいに見積もるかなど、極めて不透明な部分があるからです。

東アジアの中で日本の戦力は台湾以外のすべての国に劣ります。艦艇や航空機の数を見ても中国やロシアのほうが日本に勝ります。しかし、それだけで軍事力の強弱を計ることはできません。

「小さな日本が大国の軍事力に対抗できる訳がない。だから軍事的安全保障という考え方自体成り立たない」という主張もあります。しかし、それが真実だとしたら、戦争なんてする必要はありません。「グローバルファイヤーパワー」のような軍事力ランキングを眺めて、「数の多いほうが勝ち、少ないほうは言うことを聞け」と決めてしまえばいい。

しかし、現実はそうでないことはここまで述べた通りです。第1章で触れた、情報や人々の態度が戦争の帰趨に及ぼす影響力を思い起こしてもいいでしょう。

ですから我が国が抑止力を確保する1つの鍵は、戦力の優越のあいまいな部分や戦争の勝敗の予測不可能性をいかにして保持するかだと思います。

山口　私は大学と大学院で安全保障戦略学を専攻し、国防計画論を選択科目の1つとして取りました。国防計画というのは兵器の話が出てくるマニアックな世界なのかなと思っていましたが、実際はそうではありませんでした。戦略や即応力の話だけでなく、経営学やシステム解析の理論やケーススタディーが次々と出てきました。私は即応力の重要性や国防組織の運営、管理について学ぶにつれ、その奥深さに感銘を受け、「これだ！」と思って専門としてきました。

小泉さんの話を聞いていて改めて思ったのは、国防計画や即応力は、他国との優劣を見るためのものではなく、自国の軍をいかに強くするか、次の戦争にいかに備えるか、国をどうやって効率的、効果的に守るかのためにあるということです。

小泉　国防計画は戦争が始まる前の話が中心です。戦争前にどうやって自国の軍事力を整備するかという話ですよね。

山口　即応力は準備力とも言い換えられます。要はどれだけ自分たちが準備できるかどうか。国防計画論の中心人物であるリチャード・K・ベッツという学者は、『軍事即応力：理論、選択、結果』（邦訳なし）で、即応力においては「何のために（for what）」、「いつのために（for when）」、「何を（of what）」という3つの文脈の重要性を指摘しました。（注）

この2つの「for」と1つの「of」の観点から考えると、日本の課題が見えてきます。我が国の場合、持っている装備は悪くないが、経験値が少なく、できることできないことが法律で縛られており、有事にうまく動けない可能性がある。極端な話、いくら大量の最先端兵器や、大勢の構「強い装備＝強い軍隊」とは限りません。

（注）Richard K. Betts, *Military Readiness: Concepts, Choices, Consequences*（Brookings Institution Press, 1995）

成員を揃えたとしても、戦略・作戦・戦術がガタガタで、戦力との整合性が取れていなかったり、教育や訓練、練度、ロジスティクスなどが不十分だったりすれば、目的を果たすことはできません。逆に、装備が技術的に多少劣っていても、戦略・作戦・戦術との整合性や練度、ロジスティクス等が十分であれば、戦う能力は高くなります。

Column 2

軍事力は測れない

小泉 悠・山口 亮

本文で触れたように、いわゆる「軍事力ランキング」はまず当てにならない。それは軍事力そのものではなく、軍事力の構成要素の中でも比較的定量化しやすい部分だけを比較しているに過ぎないからである。別の言い方をすると、兵力や軍事費の多寡が軍事力の大小と密接に関係していることは確かなのだが、両者は完全にイコールではない。定量化し切れない部分が必ず残る。

米国を例に考えてみよう。２０２４年現在、米軍の総兵力は１３９万３０００人と世界第３位であり、国防費は８８６０億ドルで世界最大である。定量化された数値だけでみれば米国の軍事力は世界最強クラスのはずであり、兵力や軍事費のランキングが30位とか50位の国に絶対負けることはない、と予想される。

しかし、この議論がおかしいことには誰もがすぐ気づくだろう。１９６０〜70年代のベトナム戦争、２０００年代以降のアフガニスタン戦争など、数字の上ではずっと格下の国相手に米国が勝利できなかった例は少なくない。米国と肩を並べる軍事超大国だったソ連も、アフガニスタンのムジャヒディーン（イスラム戦士）と10年戦った挙句に撤退を余儀なくされているし、22年以降のロシア軍はウクライナ軍相手に圧勝できていない。

では、軍事力を構成している、数値化できない要素とはどんなものだろうか。学術的には無数の議論があるのだが、本書は研究書ではないので思い切って世界的権威に頼ってみよう。

古代中国の有名な兵法書『孫子』によると、軍事力の優劣を決定する要素は道・天・地・将・法の五大要素（五事）にまとめられる。現代風にいえば、道とは民心を掌握して戦争に動員する能力、天は気候、地は地形、将は将軍の統率力、そして法は軍の内部統制と政軍関係（政府と軍の関係）ということになろう。

さらに、これら五大要素を具体化したのが7つの指標（七計）だ。『孫子』によれば、君主の賢明さ、将軍の指揮能力、自然（天地）の活用の巧みさ、命令の徹底、兵力の大小、訓練の度合い（練度）、賞罰の明確さであるという。[注1]

こうしてみると、七計のうち、数字で示すことができる定量的指標は兵力くらいであり、残りは定性的な性格が強い。天候や地形を味方につけ、巧みな運用を行うのでなければ、いかに大軍であっても勝利はおぼつかない。「数えられる」ものは、軍事力のごく一部に過ぎないということだ。

これら無形の要素のうち、地形を例に考えてみよう。まず重要なのは、戦略縦深（strategic depth）である。アンドリュー・クレピネビッチは、これを「より有利な地位を獲得するために空間を時間（例えば戦争に突入する前に部隊を動員したり、有力な国家を同盟国として引き込む時

間）に変換するオプション」と定義した。[注2]

このように、広大な国土を持つ国は、その空間を時間と交換する余地を持つ。潜在的脅威国と常に陸続きである大陸国家にとって、「広さ」は武器になるのである。

また、戦略縦深の有効性は、地形によって左右される部分が大変に大きい。平坦な地形であれば軍隊が進撃する上での障害は少なくなり、こちらから攻めていくのが容易になる代わりに、敵の進撃を阻むものも少なくなる。他方、山がちな地形は大軍の投入に不向きである上に、非力な武装勢力であってもゲリラ戦によって大国を苦しめ、戦争目的の達成を諦めさせる余地が出てくる。大英帝国、ソ連、米国がいずれもアフガニスタンを統治しきれなかった理由はここにあった。[注3]

海も重要である。軍隊が海を渡って戦うには膨大な輸送力が必要であり、大国の戦力投射を著しく制約するからだ。特に大国の軍事力を打倒できるだけの軍事力を大洋の向こうまで送り込み、維持するのは事実上不可能であり、それゆえに「水の制止力」は大国間の勢力圏を隔てるものであるとジョン・ミアシャイマーは述べる。[注4]

このように、地形1つとっても、外部的要因が軍事力の発揮を容易にしたり、困難にしたりすることが読み取れよう。

また、『孫子』は「欺瞞」を重視することでも知られる。以上で述べた五事七計を敵味方の双方に関して完全に把握できていれば、勝敗は自ずと明らかなのだが、そうはならないよう、敵対勢力は全力を挙げて互いの実態を欺瞞しようとする。軍が効果的に作戦を行える状態にあるならば、そうでないように見せかけ、目的地が近ければ、まだ遠いと思わせ、敵が判断を誤って不利な状態で攻撃を仕掛けたり、守るべき地点を守らないように仕向けることなどが、戦争では死活的に重要であるというのだ。

つまり、軍事力の強弱とは（定性的な指標も含めて）客観的なものであるが、それは決して所与のものではなく、もし敵味方の軍事バランスが自らに不利であるならば客観的に有利になるように状況を作為せねばならない。とすると、ここで決定的な要素となるのは自らの有利を作り出すために徹底して考え抜く思考力、決して諦めない意志力、創意工夫の力などであり、詰まるところ人間に還元される。

ただし、『孫子』の教えには、現代の軍事力を考える上でそのまま当てはめるわけにはいかない部分もある。

例えば『孫子』は、自国から遠くの戦場まで食糧を補給するのは財政破綻を招く愚策であり、食糧は現地で徴発すべしと説く。現代の国家がそんなことをすれば、略奪の誹り（そし）を免れ得ないだろう。さらに言えば、現代の軍隊では予備部品、燃料、弾薬などが高度に規格化されているから、そもそも敵から略奪しても規格が合わない可能性も高い。

また、『孫子』が扱うのは基本的に陸上戦闘だけである。当時の技術レベルを考えれば、軍艦が外洋で激しく戦うことなど不可能であったから当然だが、現代ではそうはいかない。陸海空はもちろん、宇宙空間からサイバー空間に至るまで、あらゆるドメイン（領域）が戦場となるし、しかも各領域が密接に関係している。軍事力を測定する上で計算に入れなければならない要素が格段に増加しているのだ。

『孫子』が多くの示唆に富んだ普遍的思想体系であることは確かだとしても、２５００年前の兵法書をそのまま現代に当てはめることには、やはり無理がある。とすると、21世紀に生きる我々が『孫子』の教えを生かすには、五事七計の現代版が必要とされるだろう。本書で紹介する国防計画の考え方はその1つである。

（注）

1 浅野裕一による注釈本『孫子』（講談社学術文庫、２０１９年）を参照。

2 Andrew F. Krepinevich, *Preserving the Balance: A U.S. Eurasia Defense Strategy* (CSBA, 2017), p. 79.

3 ロバート・カプラン『地政学の逆襲』朝日新聞出版、２０１４年。

4 John J. Mearsheimer, *The Tragedy of Great Power Politics* (W. W. Norton & Company, 2001), pp. 114-128.

予備力のあるロシア、予備力のない日本

小泉　ロシアにはもともと「効率が悪いなら数で補う」という発想があります。これも1つの解決法です。ロシアの兵学には「長期の戦争を続けるには数と体力が必要。だから、さまざまな予備力を持っておく」という考え方が根強くあります。

軍事科学アカデミー総裁だったマフムート・ガレーエフが、著書『もし明日、戦争になったら?』(邦訳なし)で述べていることなんかは典型です。とにかく数と、どれだけ犠牲を出しても戦い続ける国民的覚悟が必要である。徴兵制を維持して有事に動員できる予備兵力を確保し、かつ国防意識を涵養しておくのが大事なんだと言います。精密攻撃能力至上主義者であるスリプチェンコ少将は彼の部下でしたので、折り合いは悪かったみたいですが(笑)。

今回の戦争では、ロシアは勝てていませんが、負けてもいません。ロシアはウクライナに対し政治的なプレッシャーをかけ続けています。何がこの状況を支えているかというと、ロシア社会の中に軍隊経験者がいて、彼らを比較的短期間で兵力にすることができたからです。そういう兵士たちもどんどん死んでいきますが、そのことをロシアはあまり気にせずに済んでいます。

国内ではメディアが統制されていますし、徴兵されている囚人や貧しい人たちは社会的発言権に乏しいので、政権を揺るがされる心配が少ないためです。加えてロシアは国防費を平時の4倍にまで引き上げており、兵器や弾薬の生産を大幅に増やしています。

軍事力の大小とは別に、国家はどこまで戦争の消耗に耐えられるかという基準（損害受忍度）があります。その意味ではロシアは消耗に強い国（損害受忍度の大きな国）です。また、ロシアは戦争に次第に適応していきました。最初はまったくダメでしたが、火力の運用や空軍やドローンとの連携もうまくなってきました。負けないでさえいれば、人間は状況に適応していきます。ロシアにこうした体力があるのは恐ろしいことです。

翻って、日本にはそうした体力はあるでしょうか。兵士や戦車の質が今ひとつだとしても、次々と投入できるというのは、バカにできません。日本には予備力がなく、国家が戦い続けるための分母は非常に小さい。だから徴兵制を敷くべきというのは短絡的ですが、我々にも戦い続ける能力があることをきちんと見せないと、抑止の信憑性が損なわれかねません。せめて装備品や弾薬の予備は充実させないといけないでしょう。

山口　「量」、英語で言う「mass」が重要であることは、私も同意します。でもあくまで1つの要素です。質が伴っていなければ意味はありません。

小泉　日本のように最初から量に制限のある国はそうだと思います。国によって準備すべきことは異なるでしょう。国防計画的にはどう考えるのですか？

山口　どの国でもリソースは限られます。米国も日本も北朝鮮も同じです。そのリソースをいかに効率的に使い、身の丈に合った戦力を整えられるかが肝心です。先ほどのベッツの2つの「for」と1つの「of」で考えると、国防計画において重要なのは、起こりうるシナリオに効果的、効率的に対処する即応力を整えることです。

小泉　そのためには最終的に軍事力で何をしたいのかという、グランドデザインの問題にもなってきますね。

山口　何のために戦うのか、目的は何か、何によって戦うのか、どの戦争のために備えるのかということですね。

小泉　日本の場合、グランドデザインが唯一である必要はありません。北朝鮮のミサイルと中国の軍備増大があり、優先順位は下がりますが、ロシアもいて、少なくとも3つの脅威が存在します。そこからどうやって連立方程式を解き、効率性を追求するのか。対北朝鮮抑止のための最適効率と、対中国抑止のための最適効率は異なるでしょうから。

ネットアセスメントとシナリオプランニング

山口 防衛研究所の高橋杉雄氏が著書『現代戦略論』(並木書房)で強調したように、戦略そのものより、「戦略立案のプロセス」を整えることが大切です。国防計画においてまず重要なのは、ネットアセスメント(総合戦略評価)です。ネットアセスメントとは、対立関係にある2国の即応力の強みと弱みを、総合的な視点から分析する手法です。

そして国防計画はシナリオプランニングから始まります。防衛の基本は、起こり得るあらゆる事態を想定し、事前に対策を講じること。しかし、星の数ほどあるシナリオすべての対策を講じようとしてもきりがないので、絞らなくてはなりません。これは単に分析する労力の問題ではなく、無駄な戦力・資源配分を避けるためでもあります。最悪のシナリオの蓋然性が必ずしも高い訳ではないので、最も起こりそうなシナリオを中心に、即応力と作戦において何が求められるのかを考えます。

小泉 どのシナリオの可能性が高いのかは、どうやって判断するんですか。

山口 私が大学院や職場で先生や先輩に叩き込まれたのは、マトリックスを使う方法です。一般的なものは、X軸とY軸を引き、シナリオ1、シナリオ2、シナリオ3、シナリオ4を

図表5　X軸を朝鮮半島情勢、Y軸を台湾海峡情勢としたマトリックス

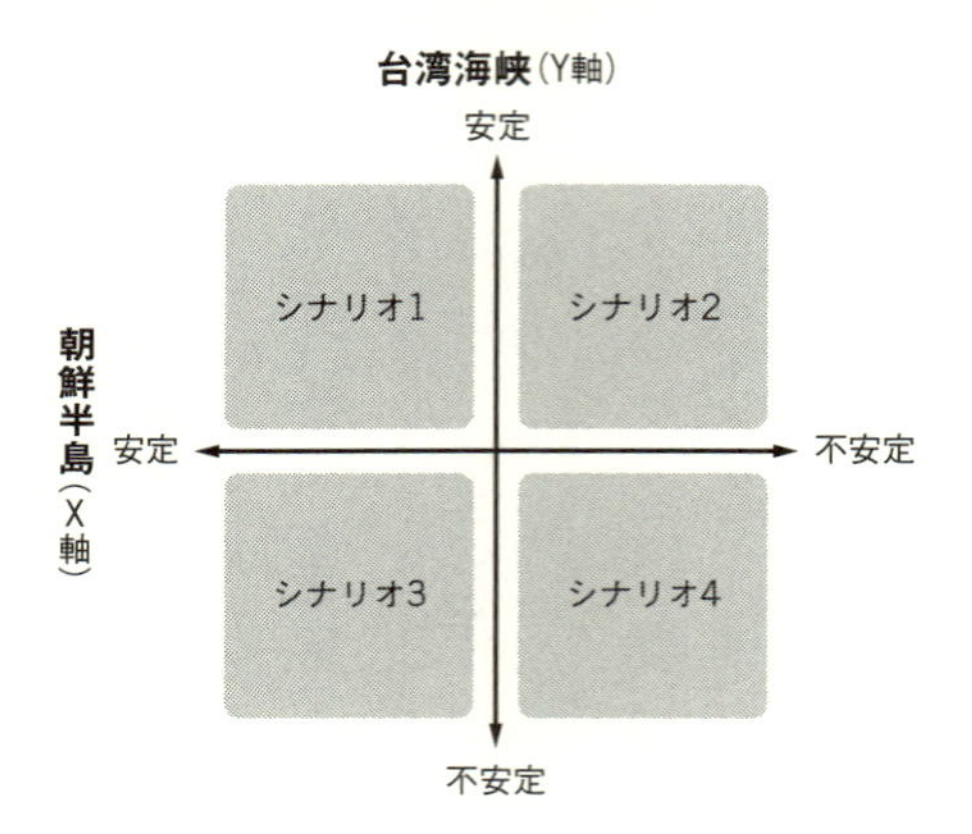

作ります。例えば、安定度に基づき、X軸を朝鮮半島情勢、Y軸を台湾海峡情勢とします（図表5）。

すると、シナリオ1だと両地域が安定ですが、両地域とも不安定なシナリオ4の場合、「ダブル有事」が発生する可能性が高くなる。シナリオ2、3だと朝鮮半島・台湾海峡のどちらかで有事が発生することになります。

ただ、これらはかなり漠然としています。実際にはグラデーションがあり、それぞれのシナリオを細分化させていきます。また例えば、Z軸を東シナ海（南西諸島）として、3次元のマトリックスを作ることもできます。

次に、マトリックスで描いた主なシナリオを、ウォーゲーム（緊急事態と作戦行動を再現

して行う机上演習）で検証します。ウォーゲームには、部隊を動かして作戦をシミュレーションするボードゲームみたいなものや、意思決定を照らし合わせ議論するものなど、いろいろな形式のバリエーションがあります。（注）どの形式でも、現実的に決断し行動を取ることが鉄則ですが、少しオーバーに動いたほうが、起こり得るあらゆる展開が見えたり、自分の作戦や行動を試すことができます。

例えば、私が以前参加したウォーゲームで、北朝鮮が日本の排他的経済水域（ＥＥＺ）にいる潜水艦から、新型ミサイルを打ち上げる場面がありました。私はこれを日本への敵対行為と見なし、ミサイルの迎撃と潜水艦の追跡、撃沈を指示しました。これは単に反撃するだけではなく、北朝鮮が次にどういう手を打ってくるか、米韓がどう反応するかを見極めるためでした。

小泉　このネットアセスメントというのは、先に触れた米国のアンドリュー・マーシャルによるネットアセスメントと同じものですか。

（注） Jeff Appleget, Robert Burks, Fred Cameron, *The Craft of Wargaming: A Detailed Planning Guide for Defense Planners and Analysts* (Naval Institute Press, 2020)

山口　ネットアセスメントとは総合的な分析という意味で、いろいろなバリエーションがあります。アンドリュー・マーシャルがやったのはその1つで、代表的なものです。

小泉　ネットアセスメントの歴史の中で有名なエピソードは、アンドリュー・マーシャルたちのネットアセスメント局が、B－1爆撃機の開発を続行すべきと推奨したことです。これによってレーガン政権の時期、B－1の開発が再開されました。

　米国のネットアセスメント局は、ソ連の空爆に対する恐怖は、米国が思っているよりはるかに強いと判断しました。ソ連は独ソ戦初期にドイツ空軍の奇襲を食らい、空軍をほとんど全滅させられたことがあるので、彼らは空襲を恐れている。ソ連が空軍とは別の独立した軍種として防空軍を持っているのはその証拠だ、と考えました。

だから、比較的少数のB－1爆撃機があれば、ソ連に対し多大な対応コストを負わせることができるとマーシャルらは読んだ訳です。おそらくこれこそが、ネットアセスメントの「総合」の部分でしょう。

　歴史的な経験も含めて相手側の視点に立ち、どうすれば自国が勝つ可能性を最大化できるか。私たちは北朝鮮、中国、ロシアというやっかいな国に対して、あらゆることを総合的につないで考えていかなければならないということですね。

山口　ネットアセスメントとは、点を集め、点と点を線でつなぎ、分析することです。きちんと分析するには、軍事力や即応力とともに、政治、経済、社会、環境、文化などさまざまな観点を見なくてはなりません。

重要なのは、「エミュレート」（模倣）です。相手国の立場に立って、考えて行動する。そうすると、こうなったらこう動く可能性が高いと少しはイメージできるので、それに基づいて課題を見出すことができます。

小泉　やっかいなのは、そこまでしても相手の意志はなかなかわからないこと。プーチンが実際何を考えているか、侵攻の直前までわかりませんでした。結局、人間の頭の中は見られませんから、物理的な行動の範囲を見極めるしかありません。

簡単なのは、兵力のような構造即応力を見ることです。ある程度、外形的に判別がつきやすい。それに加えて構造即応力は実際どのぐらい発揮できるかという、運用即応力を評価することができれば、相手の行動をより推し量りやすくなります。でも、そこが難しいんですよね。

ウクライナ戦争で私がずっと気にしているのは、ロシアの砲弾生産能力です。砲弾をどれくらい安定的に戦場に送り込むことができるかは、結局自国でどれだけ砲弾を作れるかにかかっています。でも、衛星画像でロシアの砲弾工場を見てもよくわかりません。
ウクライナ軍がロシア軍の戦車を破壊している映像があり、一時はロシアの戦車は足りなくなってしまうのではと言われました。しかし、ロシア側は壊された戦車の一部をトラクターで引っ張って持ち帰り、修理しているはず。ということは、ロシアの戦車修理工場の対応力が問題になります。どの工場で修理しているかはわかりますが、工場がどのぐらい動いているのかまではわかりません。その辺りが運用即応力を測る難しさだと思います。

山口 運用即応力を把握するのは非常に難しいです。例えばＭＲＯ（メンテナンス、修理、オーバーホール）や燃料、後方支援能力、教育、訓練の重要性は誰もがわかっていて、当たり前のことです。でも、自軍にとってこれらがどれだけ必要なのかを見積もるのは難しい。さらに相手がどれくらい持っているかを測るのはさらに難しい。
運用相応力はストックとフローに分類できます。これは民間企業と同じです。ロジスティクスにおいては、どれだけ貯蔵されているかとともに、どれくらい消費されているかも考慮しなければなりません。弾薬の数も消費する量に基づいて考えなければなりません。また、ロジスティクスにおいて特に重要なのはエネルギーです。どの国でも軍隊というのは大量の電気、ガス、ガソリンを消費します。極端な例ですが、全世界に展開している米軍であれば

1日に約1260万ガロンの燃料を消費すると言われています。東京からハワイまでジャンボジェットを飛ばすと、約3万6000ガロンを消費するので、これは166往復に相当する数字。電気においても、230万世帯相当を使っていると言われています。食料についても、隊員数×3食で単純計算すると、相当の量が毎日消費されます。この他にも、給与や福利厚生、血液や医療品等のロジスティクスも重要です。

小泉　米軍のロジスティクスの基準で見れば、どの国も不十分に見えるでしょう。米国人が間違っているなと思うのは、自国の基準でこいつらはダメだと判断することです。日本人も似たようなところがありますが。

そのような基準は、社会や文脈に依存する部分が大きいと思います。例えば現場の兵隊に必要な食事（1日3000キロ～3500キロカロリー）が足りないとします。これは米国の基準では失敗なのですが、ロシア人の将軍ならばあまり気にしないかもしれない。

第2次世界大戦末期、満州に侵攻したソ連軍の兵士には読み書きさえできない者も多かった。進撃速度を優先したため水の供給が不十分になり、熱中症で倒れる兵士が続出しました。それでもソ連軍は勝ちました。

山口　ソ連軍はドイツ、満州、朝鮮半島、樺太や千島列島で略奪を行いましたね。

小泉　150年ぐらい前までの軍隊は、略奪を当たり前に行っていました。そういうことも考えれば、社会的、文化的な状況によって、兵站がうまくいっているかいってないかは、ずいぶん違ってくると思います。

ロシアが短期決戦で勝てなかった理由

山口　ところで、ロシアは何カ月もかけて、戦争を準備していたはずなのに、結局ウクライナでは短期決戦で勝てませんでした。その最大の要因は何ですか？

小泉　ロシアはウクライナの抵抗意志を見くびっていたのではないかと思います。ウクライナ軍の戦力は20万人ぐらい。それに対しロシア軍の侵攻戦力は15万人ぐらいでした。量的には劣勢なのにもかかわらず、侵攻作戦を仕掛けるという不思議なことをしたわけです。これを正当化しうる唯一の論理は、「ウクライナ軍は弱い」という見通しだったと思います。

さらにロシアは、ウクライナ軍に徹底的に抗戦する意志があるのか、ウクライナ軍が最後の一兵まで戦い続ける強固な継戦意志を持った軍隊なのかどうかの判断を誤りました。軍事力の要素としてはもっとも難しい、士気の見積もりでつまずいたわけです。そもそもプーチンは、ロシア人と別にウクライナ人というアイデンティティがあるということを否定していましたし。

山口 ウクライナ戦争で、ロシア軍で長い間使われてこなかったけれど、復活したものはありますか?

小泉 要塞ですね。ロシア軍は地面に穴を掘って鉄の杭を打ち込み、鉄条網を敷いた要塞を築いたことで、ウクライナの反撃を受け止めました。戦場で工事を行う能力、つまり工兵能力がロシア軍はもともと高いのですが、それがウクライナ軍の攻勢能力に打ち勝った形です。他にも局地的な航空優勢を取れたとか、ウクライナ側の打撃力が足りなかったとか要因は数多くありますが。

それからロシア軍のウクライナ軍に対する反転攻勢にせよ、初期のキーウの防衛戦にせよ、結局は大砲が左右しました。火力が物を言うのです。ロシアは2023年の1年間で、1000万発の砲弾を撃ったとみられています。米国とEUは今、ウクライナに何発の砲弾を供与できるのかで頭を悩ませています。

何千キロも飛ぶ長距離兵器による勝負ではなく、射程20キロ、30キロの152ミリ榴弾砲を何万発供給できるのかという勝負です。結局、どんな兵器も戦争の文脈の中でどう役に立つかどうかだと思います。

冷戦後、ステルス戦闘機F－22よりも特殊部隊のほうが大事と言われていた時期がありました。あるいはプロペラのついた武装小型軽飛行機のほうが役に立つとも言われたこともあります。実際、対反乱（COIN）作戦（ゲリラやテロリストの反乱を鎮圧する作戦）にはそうだったのでしょう。

ところが、そこから20年経った今は、どれだけの火力を投入して要塞線をぶち破るのかとか、航空戦力と防空システムの力比べでどちらが航空優勢を取るのかという話をしている。ある兵器が役に立つのかどうかは、それが使われる戦争の性質によって大きく変わってくるということです。

スポーツと戦争の似ている点、似ていない点

山口　オールラウンダー的な兵器、すなわち構造即応力を一括して上げるような兵器はありません。それぞれの兵器にそれぞれの役割があります。

軍の戦力はアメフトに似ています。1つのチームの中に攻撃、守備、キックオフ、フィールドゴール専用のチームがあります。アメフトは人数が多くて各ポジションの役割がまったく異なります。パスをし、パスをもらって走ることを専門とするポジションもあれば、ボー

ルをまったく触らない守備的なポジションもある。ボールを蹴ったり、ボールをキャッチしたりすることを専門にするポジションもあります。

軍事力も同様です。それぞれの兵器にそれぞれの役割があり、どれも欠かせません。国防計画において重要なのは、これらをどうつなげて総合的な戦力にするかです。

装備の話となると、ついつい最先端のものや、打撃力や速度のあるものに目が囚われがちです。しかし、「カタログスペック」だけで判断してしまうには注意が必要です。どの兵器にも弱点があります。極端な話、人気アニメ『ガンダム』の有人操縦式機動兵器「モビルスーツ」を例にすれば、破壊力と機動性はあるものの、大きな的になりやすい。そもそもモビルスーツはすべての任務をこなせない。

端的に言うと、装備にもTPOがあるということです。例えば、航空母艦（空母）は艦上航空機を使った戦力投射に長けており、制空・制海権において重要な役割を果たしますが、水陸両用作戦には強襲揚陸艦のほうが適しています。また対潜戦や機雷戦においては、駆逐艦、コルベット、フリゲート等の水上艦船や潜水艦が適しています。

防空においてはミサイル駆逐艦が欠かせません。ですから空母が単独で行動することはなく、駆逐艦、ミサイル駆逐艦、潜水艦、補給艦からなる「空母打撃群」として行動します。

このように、強い海洋戦力を持つには、さまざまな装備をうまく組み合わせることが重要です。

ミサイルに関しても同じことが言えます。現在、各種の弾道・巡航ミサイルがありますが、標的や作戦に応じて使い分ける必要があります。そもそもミサイルというのは相手に壊滅的な損害を与えることが可能ですが、特定のエリアを占拠したりすることはできません。ミサイルだけでは戦争に勝てないのです。

また、戦略・作戦から見て必要・不必要な装備があります。いくら性能の高い装備であっても作戦ニーズに合わないものならば、単なるオーバースペックです。資源の無駄使いとともに、軍に余計な負担がかかります。

小泉　スポーツの場合、例えばアメフトならアメフトをやるとわかっています。でも、安全保障の世界では、アメフトをやるつもりで行ったら、いきなり向こうがバットとボールを持っていたということもあります。まずは相手がどういうゲームをしようとしているのか見極めなければなりません。

北朝鮮が野球をやるつもりでいて、中国がバスケットボールをやるつもりだったら、日本はどうするのか？　日本単独ですべてはできません。

また、安全保障においては、他国のチームとの連携が許されています。日本にとって連携の対象はまず米国であり、できればオーストラリアも引き込みたい。直近の課題としては日米韓の協力を制度化しなければなりません。その上で、お互いが関われるゲームの役割を分担することが求められています。

交戦のレベルをずらす

山口　我が国の場合、中国と単独で正面から戦っても勝負になりません。日本はリソースが限られ、ほぼすべての面で数的劣勢です。ところ構わず相手に打ち勝とうとすれば、消耗戦に持ち込まれ、確実に不利になります。日本にはできることとできないことがあります。我が国にとって鍵になるのは「交戦のレベル」をずらすこと。すなわち非対称戦です。

小泉　交戦のレベルをずらすというのは、どういうイメージなんですか。

山口　簡単に言うと、真正面からぶつかっていくのではなく、相手の技術的・規模的優位性を弱体化させ、作戦と行動を妨害することです。典型的なのは、分散した戦力で、奇襲、待ち伏せ、撹乱、妨害、不意打ち、後方支援の破壊など、相手の弱点や盲点を突く。非対称的な方法で相手の高価な兵器を消耗させる作戦もあります。

我が国にとって鍵になるのは
「交戦のレベル」をずらすこと。

例えば、海洋であれば中国の海軍力と真正面から向き合うのではなく、潜水艦と機雷を中心に行動の自由を奪うことです。機雷の敷設は船や潜水艦、航空機で撒くのが一般的ですが、今後はミサイルを用いた長距離機雷敷設も有効な方法となります。この技術はまだ発展途上ですが、迅速かつ安全に機雷を撒ける魅力的な手段です。また、陸・海・空においては、電子戦が重要です。

小泉　海上自衛隊も機雷戦を重視し始めていますよね。それから、米国がやろうとしている「遠征前進基地作戦」（ＥＡＢＯ：Expeditionary Advanced Base Operations）という構想も、「交戦のレベルをずらす」に近いアプローチだと思います。一時的に中国の海上、航空優勢下に入ってしまう前提で、海上、航空優勢下でも戦い続けられる能力を持つ。ただ米国の場合は、中国の海上航空優勢下でも活動し続け、最終的にはそれを破る気でいます。米国の戦い方と日本が連携するのであれば、優勢を取られっぱなしにはしないというメッセージを出せるでしょう。

山口　非対称戦は効果が限られるので、火力や戦力投射能力のほうが重要だという人もいるかもしれません。私もそれを否定しているわけではありません。日本には弾道ミサイルも必要だと思います。ただ、そうした能力に偏ってしまうと、結局相手と同じ土俵で戦うことになり、不利です。私たちは、どういった戦力と作戦が最も確実に運用できるかを考えなければなりません。

国防計画の観点から重要なのは、国防戦略と作戦と能力の整合性をとることです。戦略目的を果たすための作戦を立て、作戦と自国の能力を考慮した上で効果的、効率的な運用即応力を整える。これには戦闘と運営の両方から考える必要があります。ですから国防計画というのは「究極のマネジメント問題」なのです。

Column 3

国防計画のきほん

小泉 悠・山口 亮

コラム2では、国防計画が現代版の五事七計になり得ると述べた。では、国防計画においては具体的にどんな考え方をするのだろうか。出発点となるのは、ネットアセスメント（総合評価）である。これは、米国防総省のネットアセスメント室（ＯＮＡ）を創設した戦略家、アンドリュー・マーシャルが生み出した概念だが、その要諦をひとことで説明するのはなかなか難しい。

ネットアセスメントは厳密な方法論に従う科学（science）というよりも、属人的な技術（craft）、ないし技（practice）としての性格を強く持つものであるからだ。それゆえに、マーシャルの右腕を長年務めたアンドリュー・クレピネビッチなどは、「ネットアセスメントとはマーシャルが行なっていることだ」と半ば開き直ったようなことを言っている。(注1)

ただ、これではらちが空かないので、航空自衛隊の坂田靖広による以下の定義を紹介しておこう。以下の５つである。(注2)

① 単一の戦闘局面に着目する「状況評価」とは異なり、その背景となる軍事力の機能や地理などまで考慮に入れた包括的なものである。また、ネットアセスメントは特定の分析枠組みにだけ依拠しない。この意味でも包括性は大きな特徴となる

② 通常の政策決定サイクルや政権任期を超えた長期的な視野に立つ

③ ドクトリンや文化、官僚制・官僚主義といった形而上の要素を重視することにより、競争相手の行動の非合理的な側面に目配りする

④ 相手だけでなく自らも評価の対象とし、両者の相互作用の中から長期的展望を得ようとする（フリードマンが述べるように、将来戦争についての誰かの予測はまた別の誰かの予測に影響を及ぼす）

⑤ 以上の①〜④で述べた方法により、競争相手と自らの相対的な強みと弱みを評価しようとする

こうしてみると、ネットアセスメントの考え方は、『孫子』のいう五事と通底するところが多い。数字に還元しきれない無形の要素に着目し、敵味方の相対関係の中で軍事力の優劣を占おうとする考え方にはやはり普遍的な有用性があるのだろう。ＯＮＡはこれを制度化して、「最上位の政策決定者と軍事指導部に長期的・戦略的視野を提供する」ために作られたものであった。(注3)

国防計画学と経営学には共通性がある。これは両者のアプローチが根本的に通底していることによるものだろう。費用対効果を重視する点がそれだ。「はじめに」で述べたように資源は限られているわけだから、手に入る資源の範囲内でなるべく効率よくやらなければ、戦争も経営もうまくいかない。

そこで国防計画学は、国家のキャパシティー（許容量）を出発点に考える。つまり、経済力や物資、研究・開発・生産能力、人材などの資源を、国家はどのくらい持っているかということだ。次に問題となるのは、キャパシティー全体の中からどれだけの資源を国防に費やすことができるのかであり、ある国の国防キャパシティーは両者の掛け合わせによって決まってくる。

最もわかりやすい国防費を例に説明しよう。北朝鮮は国内総生産（ＧＤＰ）の実に約25％を国防に費やしているとされる。財源は国家予算だけでなく、朝鮮労働党、軍やその他の組織による経済活動である。しかし、韓国銀行によると、北朝鮮のＧＤＰ自体は２３３億ドルと非常に小さい。したがって、両者の掛け合わせによって導かれる最終的な国防支出キャパシティーは、58億ドルでしかない。一方、米国のＧＤＰは28兆ドルと世界最大で、この中からわずか3％ほどを支出するだけで、８６００億ドルという巨大な国防支出キャパシティーを実現することができる。

同じような考え方をその他の資源についても適用すれば、例えば国防物資キャパシティーとか、国防人材キャパシティーを求めることができる。その総和が国防キャパシティーである。

ここで重要なのは、国防キャパシティーは一律に決まるものではないということである。上述のように、北朝鮮のGDPの25%という国防費は、あくまで政治的に決まったものに過ぎない。例えば米国や韓国との関係を改善するという政治方針が決まれば、国防費の対GDP比はもっと少なくてもよいかもしれないし、戦争が差し迫っていると判断されれば、もっと多くなる可能性もあるだろう。あるいは国防費を削減し産業や教育に投資し、鎖国体制を改めれば、経済成長を見込めるかもしれない。こうして北朝鮮のGDPが5倍になれば、国防費の対GDP比を5%に下げても、国防支出キャパシティーは同程度に保つことができる。

もう1つの重要な点は、国防キャパシティーはあくまでも軍事力そのものではない、という点だ。それは国防に費やせる資源の量をある条件下（対GDP比など）で導き出したものにすぎず、その使い道は別に考えねばならない。例えば国防キャパシティーが同じであっても、構造即応力と運用即応力にどのように資源を配分するのかはもちろん、戦力においても、陸軍・海軍・空軍戦力のバランス、攻撃と防御のどちらに重点を置くのか、ローテクの大規模軍備を目指すのか、ハイテクの小規模軍備を目指すのかなど、オプションは無数に考えられる。

ということは、国防キャパシティーが同じでも、これを基礎として形成される軍事力の有効性は大きく異なる。ネットアセスメントがしっかりとなされ、これに基づいて合理的な軍事力形成とその運用が行われれば、小粒でも有効な国防を期待できるが、以上のプロセスが粗雑であれば、国防キャパシティーが大きくても費用対効果は低いだろう。

マイケル・オハンロンが述べるように、重要なのはキャパシティーが「いくらか」ではなく、それを「どのように」使うのかが問題であって、[注4]後者をどれだけ効率よくデザインできるかが国防計画の神髄なのである。

だが、何事も言うは易しである。国防計画の考え方にしたがって最大の費用対効果で軍事力を形成・運用できるのは教科書の中だけであり、現実には多くの問題が付きまとう。[注5]

真っ先に問題となるのが、「大砲とバター」だ。国防費（大砲）と国民生活のための支出（バター）をどの程度の比率で支出するのかについて、明確に定まった基準は存在せず、それゆえに古来多くの政治指導者たちを悩ませてきた。北朝鮮の国防費と経済成長のトレード・オフはその好例であるし、我が国でも今まさに防衛費の増額が国民的な議論の対象となっている。

また、国防計画は非常に政治化されやすい。軍事的には最適解とされる政策が、ある国の政治体制や社会にとっても最適であるかどうかは別問題だからだ。

例えば、限られた資源の中で大規模な陸軍を持つことが軍事的には望ましいとしよう。そのための最適解は徴兵制によって若者の一定数を常時軍隊で勤務させ、除隊後は予備役としていつでも戦争に動員できるようにしておくことだろう。だが、国によってはこのような軍事政策は国民から強い反発を招くかもしれないし、そうなると政治指導者は自らの支持率を気にして待ったをかけるか

もしれない。[注6]

あるいは、独裁者が軍によるクーデターを恐れ、軍事組織をいくつも乱立させたり（特定の組織に軍事力が集中するのを避けるため）、硬直化した官僚組織がもはや合理性を失った軍事政策にいつまでも固執するといった例は、歴史上珍しいものではない。国家や社会、あるいは官僚制にはそれぞれ固有の「クセ」があり、そうであるがゆえに国防計画はそのまま軍事政策に反映されないのだ。

最後に、国防計画には「時間」の問題が常につきまとう。国防計画上望ましい軍事政策が導き出され、それが国民や政治指導者の支持を得たとしても、実現に非常に時間がかかる場合がある。とすると、その軍事政策は想定される脅威が実際に迫ってくるまでに間に合うのか、実現を急ぐとしたらどれだけの追加コストが許容できるのか、実現する頃までに軍事的環境はどれだけ変化しているのか、という問題が生じてこよう。

特に現代の兵器は複雑・精妙化し、それゆえに調達に関わるコストや時間は非常に大きい。例えば西側諸国で配備が進む最新鋭戦闘機F－35の原点は1990年代の統合打撃戦闘機（JSF）計画であるが、実際の運用が始まったのは2015年のことだった。この間に国際情勢が激変していることは「はじめに」で見た通りであって、当然そこには想定と現実のギャップが生じている。

（注）

1　坂田靖弘「ネットアセスメント再考」『エア・アンド・スペースパワー研究』第９号（２０２１年12月）、４－５頁。

2　同上、７－８頁。

3　Andrew Krepinevich, Jr., *The Origins of Victory: How Disruptive Military Innovation Determines the Fates of Great Powers* (Yale University Press, 2023), p. 7.

4　Michael E. O'Hanlon, *The Science of War: Defense Budgeting, Military Technology, Logistics, and Combat Outcomes* (Princeton University Press, 2009), p.19.

5　Alan Hinge, *Australian Defence Preparedness: Principles, Problems and Prospects: Introducing Repertoire of Missions (Romins) a Practical Path to Australian Defence Preparedness* (Australian Defence Studies Centre, 2000)

6　Colin S. Gray, *Strategy and Defence Planning: Meeting the Challenge of Uncertainty* (Oxford University Press, 2014)

第3章

テクノロジーの進化、統合運用、戦場の霧

C4ISRによる革命的な変化

小泉　いつの時代も、戦争というのは常に最新の科学技術を使ってきました。そうした意味では、戦争は常にハイテク戦争です。機関銃しかり、航空機しかり、精密攻撃兵器しかり。

山口　確かに、科学技術の発展は軍や戦争に大きな影響を与えています。どの時代でも軍事近代化は、作戦・戦術概念と「いたちごっこ」であり、このらせんは永遠に続くと思います。

例えば、米陸軍訓練教義コマンド元司令官のデービッド・G・パーキンスによる「戦争は常に非対称戦の競争」という主張は的を射ています。また、米戦略予算評価センター所長のアンドリュー・F・クレピネビッチは、破壊的イノベーションを果たした者が優位になりやすいと主張しています(注)。

新しい軍事技術の大半は新たな作戦・戦術概念に基づいて登場します。科学技術の中だけで考えていると、既存技術の更新に留まりがちですが、作戦・戦術概念を基に考えると、創造的な発想が生まれ、革新的な技術創出につながります。この作戦術における創造力は軍を育て、能力を強化させる上で極めて重要です（『軍事組織の知的イノベーション――ドクトリンと作戦術の創造力』北川敬三著、勁草書房、参照）。

小泉　山口さんは、現代の戦争を科学技術の面から見ると、何が一番新しいと思いますか。

山口　何といってもC4ISR（指揮・統制、通信・コンピューター、情報、監視、偵察）の進化です。C4ISRによって、行動の精度や効率性が著しく高まりました。一方で、航空機や船舶、潜水艦については、過去の延長線上で発展してきたように思います。

要するに各種兵器の速度や行動範囲、射程も進歩しましたが、革命的に変わったのが、C4ISRなのです。人の体に例えれば、手足は過去の延長線上に発展し、眼、耳、鼻、神経が飛躍的に進化したというイメージです。これにより、状況把握・識別、分析、決定、実行の一連のプロセスとなる「キルチェーン」が著しく進化しました。

まず、より遠いところにあるものを探知、追跡、補捉することができるようになりました。以前は目視か双眼鏡でしか見られなかったので、距離が限られていましたが、今では地平線の向こうも把握でき、衛星を使えば宇宙空間からも見られるようになりました。また、さまざまなレーダーやセンサー、コンピューターネットワークを通じ、あらゆる角度から相

（注）Andrew F. Krepinevich, *The Origins of Victory: How Disruptive Military Innovation Determines the Fates of Great Powers* (Yale University Press, 2023)

手と自軍、そして状況を、立体的に見られるようになったことが大きいです。

　また、以前はまず目視をして標的を捉え、弾を撃ったり、爆弾を落としたりしましたが、相当の命中誤差がありました。それが今では比べものにならないほど精度が向上したので、正確に標的に当たるようになりました。これは無駄なコストを減らす点でも重要です。

　何よりも大きいのは、作戦を迅速に実行できるようになったことです。軍事作戦の遂行においては、相手より速く状況把握、意思決定、行動し、相手のプロセスを狂わせ、または遅らせることが成功への鍵です。作戦指揮と行動においては、米空軍のジョン・ボイド大佐が1995年に提唱した observe（観察）、orient（適応）、decide（意思決定）、act（行動）からなるOODAループが基礎理論となっています。端的に言えば、C4ISRの進化はOODAを著しく速め、拡大させました。軍事作戦の成功には、OODAループを相手よりも速く遂行することが肝心であり、C4ISRの貢献は非常に大きいと思います。

小泉　昔の兵器の進歩は、キロメートル単位で測ることができました。すなわち、弾がどれだけ遠くまで飛ぶのか、どれだけ速くなったかという、分かりやすい尺度がありました。それが究極のところまで行き着いたというのが、20世紀の終わりから21世紀の始まりぐらいの出来事です。

射程1000キロ、2000キロという兵器が出てくると、それ以上延ばしてもあまり意味はありません。命中精度も、半数必中界（発射した弾の半分の着弾が見込まれる半径）が数メートルになれば十分です。それを1メートルにするのは意味があるかもしれませんが、50センチや30センチにしてもあまり変わらない。技術的には限界に行き着いています。他方で、まだ伸びる余地があるのがC4ISRなのでしょう。

大きく変えた作戦と軍のあり方

山口　付け加えると、より遠くからだけでなく、様々な空間や角度からものを見られるようになり、これらをつなぎ合わせ、状況や標的を立体的に見られるようになりました。

C4ISRの発展は、軍の能力の進化だけでなく、軍事作戦と軍のあり方を大きく変えました。ウィリアム・A・オーウェンズ元米海軍提督が1996年に唱えた、システム・オブ・システムズ（System of Systems：SoS）という概念があります。これは指揮統制、センサー、精密兵器同士をつなげて、空間認識能力と精密攻撃能力を高め、敵地あるいは悪天候の環境や夜間でも敵の動向を把握し、防御と攻撃を可能にするものです。

90年代以降、米軍では大学院で経営学と情報技術（ICT）を学ぶ幹部が増え、その後の

C4ISRや軍運営の発展をもたらします。

とりわけ90年代後半の進化は目覚ましい。米海軍のアーサー・セブロウスキーと元空軍のジョン・ガルストカは、戦力のネットワーク化を通じ、指示や情報の伝達・共有と、意思決定を迅速化させる、「ネットワーク中心の戦い」(Network Centric Warfare：NCW)という概念を生み出します。これは90年代半ばに急成長したスーパーマーケットチェーン、ウォルマートの生産・運送業者との情報共有システムからヒントを得て構想されたものです。21世紀に入ると、NCWだけでは不十分なことが明らかになります。これは敵の脅威が高まって複雑化しただけでなく、レーダーやセンサー技術の発展により、データが爆発的に増え、あらゆる戦闘領域を横断する作戦遂行能力が求められるようになったからです。

2020年にはAIなどの活用に重点を置いた「意思決定中心の戦い」(Decision Centric Warfare：DCW)という新しい概念が生まれました。この概念に基づき、米国はモザイク戦と称される「全領域統合指揮統制」(Joint All-Domain Command and Control：JADC2)の開発と運用化を進めています。

小泉　近年のC4ISRの一番の特徴は、情報のフュージョン(融合)だと思います。歴史上、軍隊は情報の入手を非常に重視してきました。丘を占拠したり、斥候を潜入させたり。

20世紀になると飛行機や人工衛星を使って上空から見下ろしたり、レーダーや電波傍受を行ったりすることも可能になりました。

さらに冷戦期には、これらの情報を部隊や兵器の間で自動的に共有できるようになります。いわゆるデータリンクです。

現在起きているのは、データリンクで入ってくる多様な情報を1つに統合して「神の視点」に立てるようにするという技術革新ですね。

山口 航空機や艦船、人工衛星やその他のレーダーやセンサーからの画像や電磁波・音波をデータリンクなどによってつなげ、1つの画面で見られるようになりました。「共通作戦状況図」(Common Operational Picture)と言います。これはレーダーやセンサーだけでなく、コンピューターとネットワーク技術が進化したからこそ可能になりました。

小泉 「作戦のための共通の絵」みたいなものですね。昔だったら、頭の中で混ぜ合わせていたものが、誰もが同じ絵を見ながら作戦を考えられるようになったんですね。

上空から見るとしても、カメラがカバーしていない場所は見えません。飛行機のレーダーにも見落としがあるかもしれません。そこで、それぞれのところで開けた針穴からの情報を、1つにまとめた訳です。米軍といえども、これはなかなかできませんでした。本当に可能になったのは、21世紀以降です。

山口　指揮統制がどれだけ進化したかは、指揮所を見ればわかります。昔の指揮所は非常にシンプルで、広い部屋に巨大な地図盤と通信器具があって、手動で戦況・作戦図を生成するアナログなものでした。今日は全体状況用を映し出す超大型ディスプレーと、個別地区の戦況を生成する多数のコンピューターが並んでいます。同じく艦船の戦闘情報センターや、旗艦機能を持つ旗艦用司令部作戦室、潜水艦の発令所も、コンピューターや装備システムをモニタリングし操作するコンソールで埋め尽くされています。

これによって、相手と自軍の部隊の位置や動きだけでなく、地形や海深、海流や天候状況、民間交通の動き、通信状況など、ありとあらゆる情報が映し出されるようになりました。

また、個人レベルでもさまざまな情報が見えるようになりました。F－35戦闘機のパイロットがかぶっているヘルメットは、目の前に下ろすバイザーが画面となり、AR（拡張現実）のごとくさまざまな情報が映し出されます。このヘルメットはてオーダーメードで、それぞれの乗組員のサイズや瞳孔によって変わります。1個作るのに5000万円近く、3カ月ぐらいの時間を要すると聞いています。

小泉　今は見る人と、弾を撃つ人がわかれている場合があります。これをクラウドシューティングと言います。神様から見るとこうなっているから、撃つのはこっちからやるのが最適だという考え方です。まだ完全には実現しておらず、一部の西側軍隊に限られますが。

山口　各部隊と兵器の目、耳、鼻、脳をネットワークとなる神経でつなげることによって、軍隊が効率的に動けるようになりました。その結果、軍事作戦と作戦行動のスピードが著しく速くなったのです。

小泉　1970年代までの爆弾はほとんどが無誘導でした。だからたくさん落としてどれかが当たればいいという考え方で、数がものを言う公算爆撃をやっていた。ところが、80年代から90年代になると、精密誘導革命が起き、撃った爆弾の大半が当たるようになりました。これは画期的なことでした。

今はそれに次ぐ新たな波が来ています。誰がどこに撃てばいいのか、目標はどこにあるのかが高速で全軍に共有され、目標に向け百発百中のミサイルや誘導砲弾が飛んでいくというように変わってきています。当たること自体はもう当たり前で、どちらが先に撃てるかに競争の焦点が移っているわけですね。

アイデアの原型はあったが、実行しなかったソ連

山口　Ｃ４ＩＳＲは主に西側諸国で進んだと言われていますが、ソ連、ロシアではどうなのですか。

小泉　実はソ連は、このアイデアの原型みたいなものを考えていました。70年代、ソ連のオガルコフ参謀総長は、偵察攻撃複合体と偵察火力複合体という概念を提起しました。偵察火力複合体というのは、戦場において大砲やロケット砲をネットワークでつなげたもの。情報を取ってくる手段としてドローンも使います。オガルコフは、今ウクライナの戦場で私たちが見ているような戦い方を考えていました。

偵察火力複合体の後方には偵察攻撃複合体を置きます。そして、ネットワークにつながった長距離ミサイルを敵の後方に撃ち込む。何千キロ遠くにいる敵の動きも、リアルタイムで追跡できる。偵察攻撃複合体と偵察火力複合体を組み合わせ、新しい誘導兵器とネットワーク力によって戦うことを、70年代に考えていたのです。

ソ連のアイデアを作る力はたいしたものだと思いますが、ソ連軍の中ではあまり受けはよくありませんでした。１つはお金が非常にかかること。もう１つは複雑すぎたことです。演

習で実験をしましたが、ソ連軍全体にこの構想が普及するには至りませんでした。そうこうするうちにソ連が崩壊してしまい、お金もなくなりました。

この構想は、ウクライナ戦争で一部実現しつつあります。ロシアの適応力の恐ろしいところで、部分的にネットワークを組んで、ドローンと砲兵部隊やロケット砲部隊を組み合わせ、50年遅れでオガルコフの偵察火力複合体ができている印象です。

山口 中国はソ連に準ずるところがありますが、中国のほうが発展のスピードが速く、先に進んでいるかもしれません。中国の情報技術（ICT）は、スタートは遅くても日本より先へ行っている部分があります。中国はいったんこれをやるぞとなったら、軍も一般社会も一気に普及させる傾向があります。ここ十数年で中国のICTは著しく向上しました。中国は数年前から「知能化戦争」を言い始め、軍のデジタル化を急ピッチで進めています。これはC4ISRの向上につながり、中国軍の成長における核心と見ています。

小泉 知能化戦争は、早い段階で中国が将来の戦争を見通したビジョンですね。その中核にあるのは、ネットワーク化と人工知能化、そしてロボット化です。人間がやっているいろいろなことを、AIで制御されたロボットをネットワーク化して行う。

こういうことを論じた中国の現役軍人による本（『知能化戦争』龐宏亮（ホウコウリョウ）著、安田 淳監訳、五月書房新社）が翻訳されています。読んでみるとアイデアの原型は21世紀の初頭には出ていたことがわかります。先のオガルコフの例もそうですが、技術の進展というのは、「現物」がなくても見通せてしまう部分があるのでしょうか。

山口　ソ連、ロシアも70年代からC4ISRをやってきましたが、うまくいきませんでした。一方、ほぼ同じタイミングで米国、西側諸国は実用化しました。

C4ISRの威力は湾岸戦争で明らかになりました。いろいろな兵器が効率的に使えるようになり、作戦の幅も広がりました。遠くにいる敵や標的も把握できるので、相手が気づく前に攻撃ができます。これは米国などの西側諸国と、その他国間の軍事格差を広げることになりました。

中国は、ソ連・ロシア、西側諸国によるC4ISRの経験を見て、教訓にしてきました。どういうところに気をつけるべきか、どうやったら自分たちの能力をうまく生かせるのかを考え進めてきたので、実用化が早くなったのだと思います。

また、C4ISRは即応力を著しく進化させましたが、コンピュータやネットワークを標的とするサイバー戦や、電磁波で機器を妨害する電子戦においては脆弱性（ぜいじゃく）があります。ですから、各国はC4ISRのシステムをどう守るかが課題になっています。

ハイテク軍事力は模倣される

小泉　米国は、湾岸戦争以降、撃てばまず当たる長距離精密誘導兵器を大々的に投入してきました。同時にこうした技術は必ず模倣されることにも気づいていました。ロシア、中国、北朝鮮、イランは、完全に真似はできないかもしれないが、部分的にこの技術を取り入れるだろうと予測していました。

山口さんが先に言及したアンドリュー・クレピネビッチは、いずれ「ノー・マンズ・ランド」、すなわち誰も支配できないエリアができると90年代の時点で早くも予言していましたね。こちらが長射程のミサイルで撃つ。先方も撃つ。お互いのミサイルの射程が交わる範囲、あるいはドローンが活動する範囲では、どちらも決定打を出せず、支配できなくなる。そこにノー・マンズ・ランドが生まれる。

中国は1999年に「新三打三防」という方針を出しています。元々の「三打三防」は、戦車と航空機と空挺部隊の3つの打撃力を持ち、核、化学、生物兵器の3つから防御することでした。要するにソ連と第3次世界大戦になった場合に、自分たちはどういう能力を持ち、何から防御しなきゃいけないかを示したのが、90年代の三打三防方針でした。

新三打三防は、ステルス機、巡航ミサイル、攻撃ヘリコプターの3つの打撃力と、電子妨害、精密誘導兵器による攻撃および敵の偵察監視活動の3つからの防御です。

中国は、米国が湾岸戦争で見せたハイテク戦争能力に対抗する方針を、90年代末に出しました。そこから中国は30年近くかけ、台湾海峡の周辺では米国が簡単に入ってこられないような状況を作りました。まさにノー・マンズ・ランドです。

では米国は今、何をやっているかといえば、山口さんが先ほど触れた「意思決定中心の戦い」みたいなことを言い出しています。米中の戦い方や目の良さはあまり変わらないので、頭の回転速度で勝負しようということでしょう。

山口　米国が、自国の優位性が長くは続かないだろうと気づいていたのは、この軍事革命は広く普及したコンピューター技術が基になっているからです。基本的なコンピューター技術やネットワーク技術は、例えば精密兵器や航空機、潜水艦、宇宙技術などに比べると、真似をしやすい。だから、コンピューターが普及すれば、どこの国でも部分的にC4ISRシステムを構築できるようになります。

小泉　シリア内戦では、反体制派武装勢力がiPadを使って迫撃砲の照準を決めていました。iPadの中に入っている水平器で迫撃砲の角度を測り、狙いをつけるのです。スマホやタブレットを1枚持っているだけで、相当いろいろなことができます。90年代に米国の陸軍歩兵中隊ができなかったことが、現代のゲリラ兵士は1人でできてしまったりする。

山口　これは理論物理学者のミチオ・カクが言っていたことですが、60年代にNASAが月にアポロを飛ばした時、NASA本部で使っていたコンピューターの処理能力は、スマホ1台に劣っていました。そして、90年代に米軍が使っていた数億円のスーパーコンピューターは、後に出てきた数万円のソニーのプレイステーション2に劣っていたそうです。(注)

もう1つの大きな変化は、ロボット技術です。高速度のICTとロボット技術を組み合わせると、高性能のドローンを作ることができます。ドローンの長所は何十時間も飛んでいられること。人間であれば食事や睡眠が必要だし、トイレにも行かなくてはなりません。その他にもさまざまな身体的な制約があります。しかし、ドローンの場合そのような制約はありません。航行時間と距離は極めて長く、操縦性も高い。人間に例えれば、まったく眠らずにずっと目を開けたまま行動できる。

(注) Michio Kaku, *Physics of the Future: How Science Will Shape Human Destiny and Our Daily Lives by the Year 2100* (Vintage, 2011)

小泉　先日、北海道の自衛隊千歳基地にドイツ空軍の戦闘機部隊が展開してきたので見学に行ったのですが、パイロットは長距離飛行の間トイレに行けないから、オムツをつけていると言っていましたよ（笑）。

山口　先ほど小泉さんが触れたデータリンクの話に戻ります。米軍には Tactical Digital Information Link（ＴＡＤＩＬ）という、陸海空共用のデータリンクがあります。陸海空の探知データを照合し、共通の作戦図を生成するシステムです。日本も取り入れていますが、さまざまな問題が生じました。一番の問題は、陸海空の自衛隊が使っているレーダーやセンサー、情報システムに互換性がなかったことです。同じ部隊でも装備によって互換性がないこともありました。最近では改善されていますが、なお課題が残ります。

同じものをそろえようとすれば膨大なお金が掛かるし、どのシステムが最適なのかもよくわかりません。また、例えば陸海空それぞれにとって、使いやすいシステムが違っていたりもするので、１つに統合しようとすると、ずれが生じます。

小泉　２００８年のロシア・ジョージア紛争の時、ロシア軍の軍用無線が役に立たないことが問題になりました。ジョージアには山が多くて電波が届きません。まともに通じたのはモトローラの衛星電話だけだったとか、ロシア軍がジョージアの電話回線を通じて携帯電話で通信していたという話も残っています。

そこでロシア軍は、軍の立て直しと並行して、ネットワーク化をやらなくてはと言い始めました。それが戦術レベル統一指揮システム（ESU－TZ）です。これは巨大なネットワークで、ロシア政府も力を入れてやったのですが、使いこなせてはいません。軍種（軍の種類）を超えて常時ネットワークをつなげたりはできませんし、同じ軍種内でもつながらなかったりします。

軍隊改革で一番手をつけにくい分野は、情報システムの統合なのかもしれません。それは戦術の話にとどまらず、組織のあり方にも影響します。情報ネットワークの問題は軍隊をどう組織し、指揮するかに関わってくるからです。

山口　確かに、情報システムの統合は難しい問題です。軍隊というのは各組織の構造や機能に大きな違いがあるので、ただシステムをつなぎ合わせればいいというものではありません。交通の分野を見ても、道路、鉄道、海洋、航空管制の情報を共有することはできても、システム統合や運用は簡単ではありませんね。

平時と有事の境目がはっきりしないサイバー戦

小泉　現代における戦争の変化というと、戦いの領域がサイバー空間に及んできたことが挙げられます。サイバー戦争の大きな特徴は、平時と有事の境界が明確でないことです。

先日も大手出版社のKADOKAWAに大規模なサイバー攻撃が行われました。ロシアと関係がある「ブラックスーツ」という連中が犯人と言われています。では、そこから日本とロシアの戦争が起きるかといえば、そうはなりません。

2007年にはロシア系のハッカー集団が、エストニアに集中的なサイバー攻撃を行い、エストニアの社会が麻痺状態になりました。それでもエストニアとロシアが戦争になることはありませんでした。

今回のロシア・ウクライナ戦争のように、激しい戦闘と同時にサイバー攻撃が行われる場合もありますし、サイバー攻撃だけの国家間の戦いも存在します。

もっとレベルが低い、パスワードを盗むとか、ランサムウエアで人質を取るというような、犯罪と区別のつかない攻撃もあります。だから、サイバー攻撃というのは戦争の一部であるとともに、古典的な戦争の外側に延びている戦いと位置づけられます。

「偽情報戦」も同様です。別に偽情報をばらまいたからといって戦争になるわけではないし、平時も有事もずっと攻撃が行われています。これは戦争の道具でもあり、戦争ではない戦いの道具とも言えます。

１９４０年代に核兵器が登場した時点で、「もう大国間の戦争はできない」ということに気づいた人がいた、というお話は先ほどしました。それで何か別の戦う方法はないかを考えた時、「プロパガンダによる戦い」が注目されました。

当時の主要メディアはテレビとラジオでした。テレビやラジオの電波は国境を越えて敵国に侵入できます。物理的に破壊するのではなく、人々の頭の中に訴えかける。

インターネットの時代になると、自国に有利な情報を流したり、破壊工作をしたり、スパイ行為もできるようになりました。

サイバー攻撃と偽情報戦は、従来の戦争とは別の戦いになるだろうということは、米国でもロシアでも早い段階から言われていました。90年代には中国の軍人２人が『超限戦』（喬良・王湘穂著、坂井臣之助監、劉琦訳、角川新書）という本を書き、情報から金融に至るまで、何だって武器になるんだという議論をしたことも有名ですね。

能動的サイバー防御

小泉　日本の能動的サイバー防御（ＡＣＤ）体制の構築はこれから始まるところです。現在でも内閣サイバーセキュリティセンター（ＮＩＳＣ）という組織があり、サイバーセキュリティーの専門家、警察官、自衛隊員などが集まっています。さらに緊急事態に対応するサイバー・エマージェンシー・レスポンス・チーム（ＣＥＲＴ）があります。日本は、司令塔としてのＮＩＳＣと、火消しに走るＣＥＲＴという部隊を持っています。

しかし、日本を脅かしているサイバー攻撃の根を断つことが現状ではできません。たとえば、米国は敵が攻撃のために使っているサーバーを遠隔操作し、閉鎖させるようなことを行っています。これをやる法的根拠が今の日本にはないわけですね。

山口　他の多くの国々も同じですが、自衛隊のサイバー部隊は、自衛隊のシステムをサイバー攻撃から守るために存在しています。なぜ自衛隊が日本のシステム全体を守らないかといえば、できないから。自衛隊のサイバー部隊だけで日本全国のネットワークを守るのは不可能です。だから、自衛隊、警察、民間企業が、それぞれサイバー空間で防衛活動を行っているわけですが、これらをどう連携させるかが課題です。今はその基盤のようなものを作ろうとしています。

小泉 現在はそのための根拠法が議論されている最中ですね。サイバーエンジニアたちはどう戦えばいいのかわかっています。攻撃してくる連中を痛い目に遭わせることはできるのだけれども、現状それをやると違法になる。だから、それをできるように法制度を整えようというのが、能動的サイバー防御です。

サイバー攻撃には、物理的な攻撃につながる怖さがあります。例えばスタックスネット(Stuxnet)という有名なマルウエアがあるのですが、これはイランの核燃料工場にある遠心分離機の制御システムを攻撃するために開発されました。米国とイスラエルの合同作戦と言われていますが、お互い絶対に認めません。

山口 もし原子力施設を物理的に攻撃したら、誰がやったかはだいたいわかります。でもサイバー経由だと、誰が攻撃したかわかりにくい。サイバー攻撃によって交通、医療、水道、エネルギー、金融などの重要インフラを破壊したり、工場の火災を起こしたりすることも可能になっています。また、C4ISRシステムをハッキングし、例えばミサイル防空システムなどを乱すこともできます。

サイバー戦争の厄介なところは、あまりコストがかからないこと。極端な話、コンピューター1台あればよく、その性能もそれほど高くなくて済む。教育や訓練の投資は必要ですが、パイロットを養成するコストに比べれば、はるかに安い。

だから、先進国でなくても、例えば北朝鮮のようにサイバーに長けている小国もあります。小さな頃からコンピューターやプログラミングに強そうな人間をスカウトし、サイバー戦士に育て上げればいい。

統合運用は重要だが、実践は難しい

山口 次に統合運用について議論します。これまでどの国の軍隊も、陸軍は陸、海軍は海、空軍は空だけに集中して戦ってきました。ところが近年は、各軍の能力をつなぎ合わせ、戦闘領域を横断して作戦を遂行する「統合運用」が注目されています。

統合運用の典型的な例として、対空・対艦ミサイル、水陸両用作戦などが用いられる島嶼(とうしょ)防衛があります。また、航空母艦からの航空部隊による攻撃、地上・海上・空中のレーダーによるミサイル探知、迎撃ミサイルを発射するイージス艦の連携などもあります。

私は以前、長女から「統合運用って何？」と聞かれたことがあります。私は「ポケモンゲームで、それぞれのモンスターの特徴を考えて集め、チームを組むのと同じだよ」と説明しました。

統合運用が本格的に行われるようになったのは、陸海空の軍種ができた20世紀以降です。英国や米国では陸海空の統合運用が進められましたが、軍種間の抵抗もあり、簡単ではありませんでした。

大きな進展があったのは、80年代です。米国は86年、足枷（あしかせ）となっていた軍種間のぎくしゃくとした関係を解消させようと、ゴールドウォーター＝ニコルズ法を制定、統合参謀本部や各統合軍の機能を強化しました。

さらにICTの発展によって、先に触れた「ネットワーク中心の戦い」（NCW）や「意思決定中心の戦い」（DCW）が導入され、現在では高度な統合運用が実践されています。

統合運用は主に西側諸国で進んできた訳ですが、ソ連やロシアはどうなっていましたか？

小泉　ソ連では圧倒的に陸軍が強かったので、軍の中心は陸軍でした。空軍は陸軍に従属し、事実上、陸軍の手下のような存在でした。もっとも冷戦時代、スターリンは「防空軍」というもう1つの空軍を作りました。これは国土防衛、すなわち米国の爆撃機を撃ち落とすためだけに専念する部隊です。

防空軍を組織の中でどう位置づけるかは長い間、大きな問題でした。戦場において陸軍の支援などを行う空軍と、国土防衛のための防空軍はなかなか折り合いません。数年前にロシアの空軍博物館に行った時、案内してくれたボランティアの人は、防空軍出身のパイロットでした。日本から同行した人が、「空軍と防空軍はどういう関係だったのですか」と聞いたら、「仲は良かった。でも、俺たちのほうが、高くて速く飛ぶんだ」というようなことを言っていました（笑）。微妙なライバル意識があったのでしょう。

もう1つは海軍の位置づけです。ロシアは陸の国ですが、海に囲まれています。大部分は北極圏なので使えませんが、海岸線の長さは世界一。60年代になると、戦後復興も一段落し、そろそろ陸軍だけでなく海軍も強化しようという議論が出てきます。

冷戦時代、長くソ連海軍の司令官をやっていたゴルシコフという提督がいます。このゴルシコフが、大陸国家であっても海軍は役に立つんだということを、『ゴルシコフ　ロシア・ソ連海軍戦略』（宮内邦子訳、原書房）という本で主張しました。

逆に言えば、そうでも言わないと海軍の地位が低いままだったんですね。同じ海軍と言っても、「米海軍と真っ正面から殴り合っても勝てないんだから、潜水艦をたくさん持とう」という潜水艦マフィアの連中と、ゴルシコフのように「米国並みに空母を持つべき」という人間は折り合えません。このように統合運用というのは、理屈上は単純ですが、やろうとし始めた瞬間に問題が百出します。

山口　企業でもよくある話ですね。「経営の統合が答えだ」と思っても、実際にやろうとすると、新たにいろいろな問題が出てきます。

小泉　某銀行のシステムトラブルなどは、経営統合前の各銀行出身者の折り合いの悪さに遠因があるとか言われますね。

山口　そもそも陸海空はそれぞれが持つ防衛作戦のビジョンや概念はもちろん、役割と機能、構成と作業プロセスが全く異なります。

先ほど交通の話をしましたが、近年は道路、鉄道、海洋、航空システムをつなぎ合わせるインターモーダル（複合一貫輸送）システムが進化しています。これはさまざまな輸送手段を直線でつなげることにより、人やモノを効率的に運ぶシステムです。一方で、軍の統合運用は、複数の線を多方面で同時につなぎ合わせることで、その形態も任務によって違いますから、もっと複雑です。

小泉　明らかに統合したほうがいいとわかっていても、しがらみによって統合できない場合がある一方で、山口さんがおっしゃったように、そもそも作戦の構想や物事を考える際の時間軸がまったく違うせいで、統合できないこともあります。

何でもかんでも統合すればいいわけではありません。統合によって何をするかだと思います。

山口　軍隊を統合運用するには、「何のために」、「何を」、「どのように」と、戦略・作戦・戦術を考慮した上でなければ意味はありません。

そもそも統合すること自体が非常に難しい。異なるプラットフォームの相互運用をどう実現するかというハード面の課題と、軍種ごとの戦略・作戦ビジョンや認識、組織文化の違いをどうすり合わせるかというソフト面の課題があります。

また、統合と統一を区別する必要もあります。統合運用は異なる軍種や能力をつなぎ合わせ、作戦遂行能力を高めるシナジー効果を狙っています。ところが統一となると、全部の部隊を1つにすることを意味するので、いろいろごちゃ混ぜになってややこしくなり、各軍種の特徴が失われかねません。カナダ軍は1968年にすべての陸海空軍を廃止し、統一軍としましたが、結局うまく行かず、2014年頃、三軍制に戻しました。

小泉　最大のネックは何だったんですかね。

山口　統一しても軍種間の組織文化やスタイルの違いが残ったままで、かえってややこしくなり、効率性が失われたと聞いています。統一は統合の究極の形態とも言えますが、やりすぎると、むしろシナジー効果と効率を失わせるんですね。

そうなると問題は、どこまでどの程度統合運用を進めるべきか、です。

小泉 歴史の中で培ってきた陸軍、海軍、空軍のあり方にもそれなりの合理性があるからでしょう。

もう1つ言えば、まったく異なる思想や任務を背負ってきた部隊を全部ガラガラポンしようとしても、そう簡単に実行できないということなんだと思います。そもそも軍種ごとでタイムスケールが違う。よく海上自衛隊では「5分前行動」ということが言われますが、航空自衛隊では言わないそうですね。彼らは秒単位で動くから。

ロシア軍は、統合運用を軍管区レベルでやろうとしました。軍管区司令官に統合戦略コマンド司令官を兼務させ、域内の陸海空軍を一括して指揮させようとしたのです。しかし、結局はうまくいかずに2020年代に入ってから、各軍の総司令部が別々に指揮を行う方式にまた戻ってしまいました。統合運用というのは、合理的に聞こえるので、どこの国も一度は手を出しますが、皆失敗します。

山口 統合運用を機能別に行うこともあります。米国の場合、世界中に展開しているので、地域別に動く統合司令部と機能別に動く統合司令部の2つを併用しています。アフリカ軍、中央軍、欧州軍、インド太平洋軍、北方軍、南方軍、宇宙コマンドの7つの地域別統合軍と、サイバー軍、特殊作戦軍、戦略軍、輸送軍の4つの機能別統合軍の併用です。

日本の自衛隊は2025年3月、常設の「統合司令部」を創設します。統合司令部は自衛隊の背骨となる総合的な作戦を形成し、統合的に作戦を実行させる極めて重要な役割を持ちます。この先、どのように発展していくかが焦点です。統合作戦が形成されたら、今度は下部組織において、管轄地域別統合司令部や機能別の統合司令部の設立につながるのではと思います。

小泉 中国の抑止のためにも、自衛隊の統合運用は不可欠です。手持ちのカードが限られている以上、カードを最大限に活用することを考えなければなりませんから。

山口 日本が中国、北朝鮮、ロシア3国に対抗するためには、数で勝負しても無理です。限られたリソースをどれだけ効率的に使うか、そのためには統合運用が必要です。

小泉 台湾有事についてのウォーゲームに参加したことがあります。中国側のチームに回されると、膨大な数のカードを切ることができました。数で勝負すれば、自衛隊はもちろん、米軍がちょっとやそっとの戦力を投入してきても、中国の人民解放軍に太刀打ちできません。この先、5年、10年たつと中国の持ち札はさらに増えることでしょう。

もっとも、そのゲーム内における中国の攻撃力は、数の割に高くありませんでした。それは一個一個の武器の性能や宇宙空間・サイバーの戦力が、まだ米軍ほどではないからです。

我々が維持し続けなければいけない優位性は、その辺りにありそうです。数の劣位を補うには、情報の力、個々の武器の性能、さらに先にも議論しましたが、戦いのレベルをずらし真っ向勝負をしないことです

作戦とドクトリン

山口　第2章でネットアセスメント（総合戦略評価）の話をしました。ネットアセスメントにおいては、起こり得るいくつかのシナリオをイメージして、その中でどのシナリオの可能性が一番高いのかを考え、さらに相手国と自国はどんな長所、短所を持っているのかを分析します。

第2章で潜水艦と機雷に触れましたが、潜水艦と機雷は日本が交戦のレベルをずらして戦う上で非常に有効です。現時点における中国海軍の弱点は対潜戦と掃海戦、掃海能にあるということもあります。

有史以来、さまざまな軍事作戦が行われてきました。軍事を専攻すると、戦史の勉強は欠

かせません。私はあまり得意ではないんですが、小泉さんは好きですよね。

小泉　私もそんなに得意ではなくて、いわゆる戦史家みたいな人には全くかないません。でも、戦争というのは人類がずっとやってきたことの延長上にあるので、戦史を見ていく必要があると思います。

どこの国の軍人も、過去の戦争について勉強をします。政治レベルの話だけではなく、細かな戦術レベルの話も教え込まれます。戦史には多少テクノロジーが進歩したぐらいでは変わらない、数百年にわたって当てはまる戦いの原則があるからでしょう。しかし、その原則を見極めるのはなかなか難しい。

山口　確かに軍事作戦の正しい原則を見極めるのは非常に難しいと思います。一方で、正しくない原則ははっきりしています。オーストラリア陸軍士官学校のマイケル・エバンスは、テクノロジー、戦術、組織の3つをうまく調和させることが最も重要である、逆にテクノロジーにばかり囚われると、作戦や戦術の幅が狭まる恐れがあると唱えました(注)。

戦略、作戦、戦術的目的を果たし、かつ組織に合ったテクノロジーを選ぶことが即応力強化の上で重要である、いわゆる「カタログ・スペック」で兵器を選び、そこから作戦や戦術を立てることは、整合性が取りにくい非生産的な方法です。逆に、作戦第一のアプローチだと、戦い方こそ限定されることにはなるが、戦略、作戦、戦術の概念とドクトリンさえ妥当であれば、テクノロジーとの高い相乗効果が期待できます。

多くの軍隊は、作戦・戦術ドクトリンを重視します。ドクトリンとはもともと宗教の教義のことですが、軍隊では「戦略を達成するための1つの原則」という意味で使われます。私はドクトリンのことばかり言うので、小泉さんからは「ドクトリンにとらわれすぎだよ」とよく突っ込まれますよね（笑）。

米国にはDOTMLPFというフレームワークがあります。ドクトリンのD。オーガニゼーション（組織）のO。トレーニングのT。マテリアル（装備）のM。リーダーシップ&エデュケーションのL。パースン（人事）のP。ファシリティー（施設）のFです。新たなテクノロジーや作戦構想が出てくると、DOTMLPF的にはどうなのかを分析して、そこから新たな戦力を構築します。

先に、「ネットワーク中心の戦い」の概念はウォルマートに着想を得たと述べましたが、

(注) Michael Evans, The Continental School of Strategy: *The Past, Present and Future of Land Power* (Land Warfare Studies Centre, 2004)

米国が統合運用を機能させるヒントになりました。同社では、倉庫や店舗の情報がネットワーク化されており、店舗では何が売れているのか、倉庫には何が足りないかが、即座にわかります。米海軍のメンバーがこれはすごいと真似をしました。その結果、統合の効果がはっきりと出てきたのです。

小泉　小国はお金や技術がないので、ゲリラ戦を選びます。これに対し米国はテクノロジーで勝てるだろうと、一度は考えます。ベトナム戦争の時もそうでした。ベトナムの森の中にセンサーをばら撒き、枯れ葉剤を使って木々を枯らしましたが、失敗しました。

アフガニスタン戦争の際には、米軍はあらゆる情報を集約して把握することによって、どこにタリバンがいるかをあぶり出せると考えましたが、結局できませんでした。どうしてできなかったかといえば、ゲリラ組織というのは普通の軍隊組織と違って人民の海の中から生まれてくるからです。

軍隊であれば司令部を吹っ飛ばせば、部隊は麻痺状態になります。しかし、ゲリラ組織には明確な司令部はありません。どこか1つがやられても他のところは無傷で残ります。あるいは、やられた部分を普通の人々がサポートします。

山口　実を言えば、どの作戦が正しい作戦なのかということ自体よくわからないのです。『アイシールド21』（原作　稲垣理一郎、作画　村田雄介、集英社）というアメフトの漫画があります。２人のライバルが対決し、１人は、作戦というのは後出ししたほうが有利だと言い、もう１人は、相手に合わせると後れをとるので、先手を取ったほうが勝つと、主張し合う場面がありました。過去の戦争を見ると、先手必勝と後出しどちらの作戦でも勝利した例があります。

小泉　先手必勝が強いのか、後出しが強いのか。どっちの理屈も分かります。後出しと先手必勝は両立できませんから、腹を決めてどっちかにするしかない。おそらく国ごとの軍隊の長年の癖みたいなものがあって、どちらかに決まっているんでしょう。

戦略、作戦、戦術の整合性

山口　重要なのは、作戦のスタイルをどう極めていくかです。それには、国家目的を実現させるための戦略、戦略を実現させるための作戦、作戦を具体的に遂行させるための戦術という３つの整合性を確立させる必要があります。計画通りに進まなかったり、予測不能な状況に直面したりした際は、臨機応変に対応できる能力も求められます。これは国防の基本中の基本ですが、決して簡単ではありません。

また、これは組織のあり方の問題に関わってきます。どの国でも国防組織というのは、最高司令官から訓練生まで、指揮系統と統制が徹底されたトップダウンの組織です。

これは単純に、軍隊が国家の戦略・作戦・戦術目的と目標を確実に遂行し、同時に身勝手な行動を起こさないためです。でも、凝り固まったトップダウンだと、どんなに優秀な隊員が揃っていても、司令官が無力化されれば、部隊は迷える羊になります。現代戦の複雑性と多様性と速度を考えれば、作戦遂行の柔軟性が不可欠です。そのためには第2章で触れた「集権的指揮統制、分散型実行」が有効と言われています。

小泉　いつの戦争にも人間、技術、運用の要素があり、それらのバランスで勝敗が決まります。どれかが良ければ勝つわけではありません。この三要素自体は中国の孫子の時代から変わっていないでしょうが、それぞれの要素に何点を配分するかは違ってきているでしょう。

山口　米海兵隊出身のB・A・フリードマンは、効果的な戦術とは、物理的な「機動」、「規模」、「火力」、「テンポ」と、精神的な「欺瞞」、「奇襲」、「混乱」、「衝撃」の2つの側面を持ち合わせている、これは古今東西、変わっていないと主張しています。(注) 要は、これらの要素が変わったのではなく、実行する手段が進化したということですね。

小泉　過去の近代戦争と今のウクライナの戦争を比べると、使っているテクノロジーを除けば、それほど変わりません。交戦距離や情報通信の速度の違いはあるかもしれませんが、基本的に同じ戦い方をしています。それが極端に変わることがあるとすれば、ゲリラ戦争やサイバー空間における偽情報戦かもしれません。

ナポレオンは、大陸における軍隊同士の戦いでは非常に強かった。でも、彼はイベリア半島の戦いでは非常に苦労しました。ゲリラ戦争は彼が知る戦争とはまったく違うルールに基づく戦争だったからですが、これは後の大国が対ゲリラ戦争に手を焼く歴史を予言するものだったとも言えるでしょう。結局、20世紀に入って登場した一連の対ゲリラ戦理論では、ゲリラと正面から戦おうとするのではなく、ゲリラと住民を切り離し枯死させるというのが基本だとされています。でも、それも常にうまくいくわけではありません。

例えば、英国はこの方法でマラヤ反乱の鎮圧に成功しましたが、21世紀のアフガニスタン戦争では、かえってアフガニスタンの現地勢力を反体制側に押しやるようなことばかりやって失敗しました。英陸軍グルカ部隊の将校としてアフガニスタンに派遣されたエミール・シンプソンの『21世紀の戦争と政治――戦場から理論へ』（吉田朋正訳、菊地茂雄監修、みすず

（注）B.A. Friedman, *On Tactics: A Theory of Victory in Battle*, Naval Institute Press, 2017.

書房）は、この辺りの事情を非常に生々しく描き出しています。

山口　おっしゃる通りですね。戦い方の発展を見ると、踏襲と進化の2つで成り立っています。過去と現在進行形の戦争・紛争における成功例失敗例の両方を分析し、自軍の作戦や戦術の参考にしています。多くの国防組織の教育課程や研究部署で、戦争史が扱われているのはそのためです。

「戦場の霧」をめぐって

山口　ここまで、戦争がどう変わってきたのかについて、テクノロジーと組織運用の両面から取り上げてきました。次に、軍事の世界でしばしば議論される「戦場の霧」の概念について考えます。クラウゼヴィッツは「戦場における行動を左右する要因の4分の3は、不確実性の霧に包まれている」と言っています。

この100年間に軍事技術は大きく進化しました。戦闘の空間は陸、海、空、宇宙、サイバー、認知へと多様化しています。またC4ISRによって、たくさんのことが把握できるようになりました。では、戦場における不確定要素である「戦場の霧」は晴れつつあるのでしょうか。

小泉　「戦場の霧」という言葉は、クラウゼヴィッツの『戦争論』の中で登場しました。要するに、戦場においては情報が不確実になるという意味です。

これを議論する前に、クラウゼヴィッツが提起したもう1つの概念、「摩擦」について話しましょう。伝令を飛ばしてみたら、次の駅のところに馬が準備されていない。これは単なる手違いによる摩擦です。また、天気が悪くて見通しが利かない、道がぬかるんでしまって通れない。こういう摩擦もあります。

戦場における摩擦は、テクノロジーによってかなりの程度克服できます。例えばクラウゼヴィッツの時代には「腕木通信」というものがありました。塔から突き出したロボットみたいな腕を動かして、信号を発した。夜もカンテラを使って通信できたそうです。無線通信が登場し、さらにデータ通信の時代になると、通信速度や容量はさらに増大します。ところが、「戦場の霧」はなぜかなかなか晴れない。

クラウゼヴィッツは、「戦場の霧」を単純な摩擦のゆえであるとは言っていません。何と言っているかというと、結局戦争は人間がやっているからだ、と言っています。戦場には常に恐怖が渦巻いている。恐怖が渦巻く中では人々は情報をきちんと解釈できない。恐怖のために悪いほうに物事をとってしまい、情報はゆがめられる。だからクラウゼヴィッツは、「戦場においてはほとんどの情報は間違っていると考えて差し支えない」とまで言います。

すなわち、人間が生きるか死ぬかのやりとりをしている時の情報のゆがみは、人間が戦争をやっている以上必ず発生する。だから、テクノロジーでは解決できない。

さらには、情報がたくさん入ってくると、かえって情報のゆがみが強くなるかもしれないし、偽情報が混じることもある。だから情報のゆがみに起因する戦場の霧は決して晴れない。

そこでクラウゼヴィッツは「軍事的天才」というものにこだわりました。フリードリヒ大王が強く意識されているようですが、あてにならない情報や計画通りにいかない摩擦だらけの中で、勝ちの方向に軍を進められる人も存在する。それは理屈を超えた天才だと。

さっきの話に戻ると、技術を発展させて、戦い方も多様化させたからといって、戦場の霧が晴れるわけではない。技術だけではどうしようもできないものがある。例えば天気予報や地震観測に関する技術は過去に比べると、ずっと進化したわけですが、天候や、気候、地震などの自然現象は人間がコントロールできるものではない。

さらに言えば、そもそも敵がどのルートから攻めてくるのか、敵の士気はどのくらいなのかは、分かりません。『孫子の兵法』でもこうした部分にかなりの比重を置いています。

例えばスパイを敵の陣地の近くまで行かせる。下級将校がやたら怒鳴りまくっていたら、兵士のやる気はない。逆に将校が妙に兵士たちに猫なで声を使っているなら、たいしたことはないなどです。こうしたさまざまな兆候をつかまないと、相手の軍隊の士気はわかりません。

山口 そこまでやってもやはり戦場の霧は完全に晴れませんよね。

小泉 トルストイの『戦争と平和』では、主人公の1人ニコライ・ロストフが皇帝の司令部に向けて伝令に出されるのですが、皇帝がどこにいるのか分からない。ようやく皇帝が見つかるんだけど、何時間もたっているから情報は古くなってしまう。だから、みんなが理路整然と情報を分析しながら戦争をやっているなんていうのは幻想だと、トルストイはしつこく言います。

トルストイとクラウゼヴィッツの結論の違いは、「天才」が存在するとみるかどうかです。クラウゼヴィッツは戦場には軍事的天才みたいなものがいると評価しますが、トルストイは強く否定します。天才や英雄で歴史は動いているのではない。みんなが右往左往している中で、たまたま形勢が決まり、たまたま英雄が現れるだけに過ぎないと言います。『戦争と平和』の中では、ナポレオンはつまらない男として描かれ、ロシア側のニコライ皇帝もまたつまらない男になっています。

山口　戦場では常に想定外のことが起きますし、計画通りに進みません。なので、どの軍も、「戦場の霧」の中で戦うことを前提に作戦を実行しなければなりませんし、状況によって柔軟に適応できることも求められます。ただ、この柔軟性と適応力を発揮するには、作戦や戦術を実行する能力をしっかりと持っていることが絶対条件です。言い換えれば、「戦場の霧」がある状態でも、柔軟性と適応力を持って即応力を発揮して作戦を展開できるのが、本当の意味で強い軍だと思います。

「戦場の霧」への対応は、国防計画にも求められます。例えば、アナリストのバーノとベンサヘルは、米軍がイラク戦争で、即席爆発装置（ＩＥＤ）や路肩爆弾に苦しめられたことから、装輪装甲車輌（ＭＲＡＰ）を大量に配備したことを事例に、国防計画では平時においては革新力、戦時においては適応力が肝心であると主張しました。(注)

私は学生の頃から恩師に、「基本の徹底、変化への対応」の大切さを叩き込まれましたが、まさにその通りだと思います。

小泉　クラウゼヴィッツが述べるように、緻密な計算と人間性というのはあまり相性がよろしくない。だからテクノロジーをどれだけ進歩させても、戦場の霧は根源的に晴れない。どれだけハイテクを駆使しようと、戦争というのは結局、人間の営みであるからです。

私は『知能化戦争』(前掲)を読んだ時、こんな面倒くさいことをしなくても、サッカーでけりをつければいいじゃないかと思いました。ホウさんのビジョンでは、「いずれ大国の軍隊は完全に無人化され、誰も死なない戦いが可能になるから大国間戦争の敷居が下がる」と言います。でもそれなら何千億円も掛けて作ったロボット軍隊を使って戦わなくても、サッカーや腕相撲で勝敗を決めてしまえばいいのではないか。

なぜ私たちが腕相撲やサッカーで勝負をつけないかといえば、人が死なないと納得しないからです。暴力によって生命を脅かされる強制力によって初めて、私たちは相手に屈し、領土を割譲することなどの結果を受け入れています。

もし、戦争をロボットに任せ誰も死ななければ、戦争ではなくなる。見た目上はミサイルを撃っているので同じかもしれないけれど、そこには人間の生き死にという究極的なものがあるかないかの違いがあります。

山口 戦争と戦争以外の勝負事の違いの1つは、生命への脅威と危険です。ただ、同時に領

(注) David Barno and Nora Bensahel, *Adaptation under Fire: How Militaries Change in Wartime* (Oxford University Press, 2020)

土・領海・領空や資源も重要です。安全保障の定義には、「生存」というキーワードが含まれることが多い。すなわち国民の生命はもちろん、生活が脅かされる恐れがあるなら、体を張ってでも戦う。これは、国民の生存は国家、領土・領海、資源などに掛かっているという考え方に基づいています。

新たなテクノロジーによっても「戦場の霧」は晴れないというのはおっしゃる通りです。ただ、私は人間性に加え、戦う環境の要素が大きいと思います。現代戦の空間は、陸・海・空・宇宙・サイバー・認知と多様化しています。とりわけ、ＩＣＴ（情報通信技術）の存在は極めて強く、火力だけでは戦争に勝てない時代になりました。また、近年においてはレーダーやセンサー、情報ネットワーク、指揮統制・管制等に係る技術が著しく進化しています。

しかし、「戦場の霧」が晴れるようになったかというと、そうではない。いくらレーダーやセンサー、コンピューターとそのネットワークが発達しても、すべてがリアルタイムで見えたり、聞けるわけではない。実際、気象の「戦場の霧」を完璧に予測するのは今も難しいし、気候変動の不確実性もあります。

軍事技術の進化、戦闘空間の多様化、軍事作戦の複雑化、新たな技術への依存によって、新たな「戦場の霧」に直面しているとも思います。

ＡＩにどこまでゆだねるか

小泉　ところで山口さんは、ＡＩについてどう考えますか？　将来的にはＡＩが人間に代わって指揮統制や兵器の管制までを担うのでしょうか。「戦場の霧」が人間性に起因するのだとしたら、現代では人間でないものに意思決定を任せてしまうという選択肢がそろそろ見えてきています。しかし、そうなったら戦争は人間の営みと言えるのかどうか。私はＡＩも当面、人間の補佐役に留まるのじゃないかと思うのですが。

山口　私も、ＡＩは人間を補助する道具に過ぎないと思いますが、統制と管制は分けて考えなければなりません。米海軍の近接防御システム（ＣＩＷＳ）は、スイッチを入れると完全な自動モードになります。70年代に完成しました。また、現代のサイバーと電子戦においてはＡＩ機能が拡張されています。管制はどんどんＡＩがやるようになるでしょうが、統制や指揮、意思決定を人間が手放すとは思えません。

防衛においては、交戦規定とエスカレーションの管理が極めて重要です。問題となるのは、ＡＩが相手の行動を敵対行為として誤認し、戦闘行為に出るケースです。これは物理攻撃に限りません。軍の重要施設への正体不明なサイバー攻撃を、相手国による攻撃とＡＩが決めつけ、核ミサイルによる警報即発射（Launch on Warning）を行うことにより、お互い意図しない戦争を引き起こす恐れがあります。これは極端なシナリオですが、あり得ない話ではない。

映画『ドラえもん　のび太の海底鬼岩城』では、海底国家アトランティスの自動報復システム「ポセイドン」が、海底火山の活動を敵対しているムー連邦による攻撃と認識し、「鬼角弾」という大量破壊兵器で報復攻撃しようとする場面があります。それと似ていますね。

また、自律的に殺傷能力を持つＡＩ兵器、すなわち自律型致死兵器システム（ＬＡＷＳ：Lethal Autonomous Weapons Systems）となると、倫理的な問題が出てきます。例えば朝鮮半島の38度線沿いにＡＩ兵器を並べます。北から人物がやってきたとして、南に侵入しようとしているのか、亡命しようとしているのか、または亡命を装った敵兵なのかをＡＩが正確に判別できるかという問題が浮上します。

小泉　でも人間だったら判別できるかといえば、これも難しい。逃亡兵と破壊工作員は同じような格好しているはずだし、破壊工作員が逃亡兵のふりをしているかもと考え始めたら、人間だろうが機械だろうが、悩むのは同じ。結局は捕まえてみるまでは分かりませんよ。

山口　近年、自動化兵器が飛躍的に増えています。無人戦闘航空機（ＵＣＡＶ：Unmanned

Combat Air Vehicle）も着実に発展しています。米国のRQ－1／MQ－1プレデターのように、攻撃を可能とする無人航空機は既に20年ほど前から運用されており、英国、イスラエル、中国、パキスタン、イラク、イラン、トルコ、ロシアも開発・運用しています。

ＡＩを搭載した無人戦闘航空機の研究開発も進んでいます。21年2月にはボーイング・オーストラリアがＭＱ－28ゴーストバットを初飛行させました。米空軍向けのＸＱ－58Ａヴァルキリーなどと同様、有人戦闘機とチームを組んで戦うＵＣＡＶです。

この他にも、徘徊型兵器（通称、自爆ドローン）もあります。これは、離陸してからしばらく上空を徘徊し、目標を補足したら機体丸ごと突っ込む兵器です。代表的なものに、米国のスイッチブレード、イスラエルＩＡＩのハーピー、ハロップ、グリーンドラゴンが挙げられます。

小泉　しかし、これらの無人兵器は比較的限られた環境を想定したものですよね。ＣＩＷＳが70年代には完全自動化できたのは、海の上において高速で突っ込んでくるものは敵のミサイル以外にあり得ないと容易に判別できるからでしょう。

ＵＣＡＶや徘徊型兵器が想定する戦場はもっと複雑だから、現在も自動化できてはいません。自動化するとしたら、ある程度は巻き添え被害や同士討ちが起きても構わないと判断する場合でしょうが、これはとどのつまり人間の価値観の問題になってきます。

山口　結局、AIはどういうところで使えるのか、何をして欲しいか何をして欲しくないか、というのが重要なポイントです。所詮AIはプログラムであるため、コードやデータの質によって大きく左右されます。

軍事面でAIを活用できるのは、データの処理です。AIは膨大なデータを高速に処理できるので、情報・偵察・監視において役立ちます。AIを使った電波画像識別技術でデータ処理をすることで、幅広く効率的に探知・追跡・目標補足ができるようになります。その結果、司令や部隊の負担は相当軽減されます。

海上自衛隊では、2020年度から哨戒機にAIを搭載する研究が進められています。また、サイバー戦においてもAIが重要な役割を担うことが期待されています。

AIが司令官や指揮官を務めることは、技術面、倫理面から考えにくいですが、補佐役としては活用できると思います。もっともどのような機能や役割を与えても、人間が常に監督する「ヒューマン・イン・ザ・ループ」によって、AIの誤認や暴走を制御する必要があります。

小泉　AIに指揮官をやらせようという人はあまりいないと思いますが、意思決定の補助と

AIは意思決定の補助として、
それなりに使えるのでは。

して、それなりに使えるのではないですか。

　参謀がやっている業務なら、ＡＩはうまくこなすのではないかと思います。例えば兵站です。補給のトラックをどういうローテーションを組んで動かせば効率がいいのか。これはＡＩに考えてもらうのが一番です。情報の集約やブリーフィングも上手にできます。

山口　おっしゃる通りです。ロジスティクスにおけるＡＩ活用については、例えば、輸送ルートだけでなく、どこにどれくらいの弾薬や補給品が必要かなども計算できるので、効率的なサプライチェーンを確立できます。不測の事態が起きても、すぐに計算してくれます。

小泉　ＡＩは意思決定の責任をとれないので、ＡＩ指揮官というのはきっと無理でしょう。現場において非常に複雑な状況の判断をＡＩに任せられますかと言えば、これもおそらく無理でしょう。だからＡＩ兵士というのも当分できないと思います。

山口　一方で、兵士を補助するＡＩ機器は増えると見られます。最近では火器の照準をＡＩで補正する技術が開発されており、将来広く普及すると見られています。

戦争を起こすのは人間だ

山口　ところで、私たちが考えなければならないのは、軍事技術の進化によって戦争は起きやすくなっているのかという問題です。これは非常に複雑だと思います。極端な話、軍事技術の発展や、軍事面の変革が戦争の確率を上げているのであれば、時代につれて戦争は飛躍的に増えているはずです。しかし、第2次世界大戦後、軍事近代化の中心となった大国・先進国間の戦争は減る一方、途上国や非国家主体による戦争やテロ攻撃が増えています。ここでは小・重火器やIED、場合によって鈍器や刃物による原始的な戦闘のほうがずっと多いです。これについてどう思いますか。

小泉 テクノロジーが決めるのは、「戦闘」のレベルまでではないかと思うんですよね。「戦争」そのものを起こす／起こさないというのは、やはり人間の決める部分が大きいと思います。先のAI兵器の話もそうですけど、人間が死ぬということをどう解釈するかの判断にかかってくる問題ですから。

山口 結局、戦争を起こすかどうかを決めているのは、状況に対する政治的決断だと思います。軍事技術の発展によって、破壊力は増し、軍事的手段や対立は多様化・複雑化しました。一方で、核兵器の登場によって相互確証破壊という抑止の論理が現れました。軍事技術の発展によって、戦争がもたらす破壊と被害の潜在力は高まりました。しかし、戦争が起きるリスクが高まった訳ではありません。

もっとも、ここで言う戦争とは武力衝突のことで、最も懸念すべきは、ハイブリッド戦争だと思います。ハイブリッド戦争は、武力だけでなく、さまざまな工作を通じ相手国を懐柔したり、混乱を起こしたりするものです。インターネットやＳＮＳの普及・進化、社会の複雑化により、世論操作や偽情報、スパイ活動やサイバー攻撃の手段が著しく多様になり、増えていると思います。

小泉　ハイブリッド戦争というのは多義的な概念で、なかなか一括りに語ることはできません。山口さんがおっしゃったのは影響工作みたいな話で、２０１０年代以降に注目を集めてきました。他方、もともと米軍の中で言われ出したハイブリッド戦争の概念は、戦闘に勝っていてもその事実が敵・味方・国際社会からどう受け止められるのかによって、その結果が変わりかねないという話でした。これもまた、日本の安全保障政策を考える上では重要な概念ですが、現状では単に「いろんな手段を使う戦争」と理解されており、十分に議論が進んでいないと思います。

Column 4

戦争予測はなぜ外れるのか

小泉　悠

本書の趣旨は、2030年代に日本が直面しうる安全保障環境について考えてみようということである。しかし、これは口で言うほど簡単ではない。ある時点で起こりそうだと考えられる戦争の形態は、わずかな期間に起きる政治的変化によってあっという間に蓋然性を失うかもしれないからである。

1980年代まで自明のものと考えられていた将来戦争、すなわち国家間の高烈度戦争（第3次世界大戦）が、冷戦終結とソ連崩壊という政治的事件によってあっさり過去のものとなったことを思い起こせばよいだろう。

次にやってくる戦争は相手も性質も異なるものかもしれない。冷戦後に世界中で起きたイスラム過激派対西側諸国による「対テロ戦争」はその好例である。この「戦争」において西側先進国が直面した敵は、軍事力のあり方や戦い方がソ連とは根本的に異なるイスラム過激派組織だった。そうかと思えば、2010年代にはロシアや中国の脅威が叫ばれるようになり、現在各国は再び高烈度国家間戦争に備えている。冷戦終結後の30年間だけをとっても、世界はこれだけの変転を経てきた。

こうした状況は現代に限ったことではない。英国の戦略研究者として知られるローレンス・フリードマンは、19世紀以降の欧州で行われた将来戦争予測を詳細に研究し、『戦争の未来』という著書にまとめた。(注1)

この本の独創性は、現在から見た過去を振り返ろうとするのではなく、過去から見て未来を予想しようとした点にある。次の戦争はこうなるという「未来の戦争」本は数多いが、フリードマンの著書は過去に遡って「未来の戦争の歴史」を紡ぎ出そうとしたのである。

何より興味深いのは、過去に想定されていた「未来の戦争」予測はほとんど外れていたという点であろう。フリードマンによれば、その理由は大きく分けて3つある。

第1に、誰かが提起する将来戦争についての予測は、また別の誰かの予測に影響を及ぼす。ある予測が提起された時点で、その仮想敵は同様の方法を採用したり、あるいはこれを無効化する方策を編み出そうとしたりする。

アフガニスタン駐留米軍司令官を務め、後に米国家安全保障問題担当大統領補佐官となったハーバート・マクマスターが述べるように、戦争とは創意工夫の力を持った人間同士による「意思の競争（contests of will）(注2)」なのである。したがって、「こうなるだろう」という予測がなされた時点で、それを裏切ろうとする力がほぼ同時に発生する矛盾を、戦争は常に抱えている。

第2に、将来戦争についての予測は多分に希望的観測を含む。こうした予測は損害を抑えて迅速に勝利する方法についての考察に偏りがちであり、事が思惑通りに運ばなかったり、政治的状況(例えば新たな同盟の結成によってパワーバランスが変化するなど)によって、前提条件が崩れたりした場合には、力を失ってしまう。このため、予測が現実の軍事戦略としてどの程度の有効性を発揮できるかは、国際環境に関する分析と予測の精度に大きく依存する。

これに関連する第3点として、将来戦争についての予測は「新兵器についての予測」へと矮小化されがちである。前述のように、様々な要因によって規定される政治的状況を予測するのは難しいが、テクノロジーの進歩によって出現しうる新兵器のビジョンは相対的に描きやすい。したがって、多くの将来戦争予測は新兵器による戦い方の革新を描こうとする。しかし、新兵器は戦争のあり方の一要素に過ぎない点は忘れられがちである。

機関銃、爆弾、航空機といった歴史上の軍事イノベーションは、確かに絶大な効果をもたらしたものの、これまで述べてきた2つの理由から、必ずしも戦争の勝敗を分けるものではなかった。新兵器はそれに対抗してさらなる新兵器や新戦術の出現を招き、当該国が戦争運営に失敗したり、国際的に孤立してしまえば新兵器の効果は限られたものでしかなくなってしまう。

このような困難を排除する最も簡単な方法は、考えうるあらゆる脅威に対して備えておくことであろう。大国間の巨大戦争から低烈度の対テロ戦争に至るまで、ミサイル防衛からサイバー戦まで、あらゆる分野で最強の能力を持っておけば、情勢がどれだけ変化しようとも、国家と国民の安全を確保する目処は（理論上は）立つ。

それゆえに、ソ連・ロシアの軍事理論家として知られるマフムート・ガレーエフは、将来的に起こりうるあらゆる戦争様態に対処できるよう、冷戦後も大規模な軍事力を保有しておく必要があると論じた。[注3]

しかし、現実には安全保障のために投じうるリソース（予算や人材）は有限である。予算についていえば、２０２３年度の日本の国家予算は過去２番目に大きい１１２兆７１７億円であり、うち28兆３７００億円を国債で賄う。支出項目で見ると、最大の割合を占めるのは社会保障費（37兆７１９３億円）で、地方交付税交付金（17兆７８６３億円）がこれに続く中で、防衛費は第３位の７兆９１７２億円にも上っている。24万７０００人あまりで構成される自衛隊（実勢は23万人強）を維持・運営するだけでも、これだけのカネがかかっているわけで、考えうる脅威すべてに完璧に備えようとするならば、日本は早晩、財政破綻してしまうだろう。

ちなみに世界最強の軍事大国である米国は、23年に８８６０億ドルもの国防予算を計上している。１ドル＝１５０円で換算すると１３２兆９０００億円であり、日本の国家予算を全部投じても及ばない計算だ。その米国でさえあらゆる脅威には対処しきれないことを考えれば、現実に可能なのは「最も起こりそうなこと」をなんとか想定し、備え方を工夫することしかない。本書が「２０３０年代の戦争」を描こうとするのは、以上の理由による。

もちろん、何事にも完璧ということはない。まして本書の執筆者は２人しかいないわけであるから、応用できる知見もそれぞれの比較的限られた専門分野の中から引っ張り出してくるほかない。

さらにいえば、戦争を確実に抑止するのは難しい。そもそも抑止というものは実態がはっきりせず、それがきちんと機能しているのか、実は相手の気まぐれで戦争が起きていないのかの判断はしにくいという、宿命的な不確実性を背負っている。しかも、抑止には金が掛かるということは、既に述べた通りである。安全保障とは利回りとリスクの不明な投資商品に巨額を注ぎ込むようなものと言えなくもない。

しかし、ひとたび戦争が起きれば、それは多くの人命と生活が破壊されることを意味する。勝利したとしても深手を負うし、敗北すれば国家そのものが消滅することにもなりかねない。言い換えれば、戦争にハッピーエンドというものは存在しない。そうである以上は平時においてできるだけの手を尽くすほかないのではないか。このように考え、まずは我々なりに日本の安全保障議論の足がかりを提供してみようというのが、本書の大きな問題意識である。

（注）

1　ローレンス・フリードマン著、奥山真司訳『戦争の未来　人類はいつも「次の戦争」を予測する』中央公論新社、2021年（原題：Lawrence Freedman, *The Future of War: A History*, Public Affairs, 2017.）。

2　H. R. McMaster, "The Pipe Dream of Easy War," *The New York Times*, 2013.7.20.

3　М. А. Гареев, *Если завтра война?... Что изменится в характере вооруженной борьбы в ближайшие 20-25 лет* (Москва: ВлаДал, 1995)

第4章

これから何が起きるか
——メインシナリオを考える

中国による台湾の海上封鎖

山口　第2章で触れたシナリオプランニングにおいては、まずあらゆる状況を想定した上で、最もリスクの高いシナリオと、最も可能性の高いシナリオを中心に考えるのが基本です。そこで本章では、この先10年のメインシナリオとして、日本にはどういう戦争のリスクがあるのかを考えます。

我が国の場合、台湾周辺、朝鮮半島、極東ロシアという3つのエリアに脅威が存在します。もし、朝鮮半島や台湾海峡で有事が発生した場合、日本も攻撃を受けるという議論があります。直接的な攻撃がなかったとしても、有事によって周辺海域、空域の交通が遮断されるだけで日本経済や国民生活に大きな影響を及ぼすでしょう。

まず台湾有事を論じます。第1に、中国が台湾に対し武力侵攻を行うシナリオです。最初に海上封鎖やミサイル攻撃などによって台湾を弱らせた後、中国が台湾に侵攻する。第2は、中国の懐柔と強要によって、台湾に親中傀儡（かいらい）政権が誕生する。台湾政府は中国統一案を承諾し、中国は台湾を占領する。この場合、中国の言い分は「我々は1つになったのだから、文句はないね」です。中国から見れば、このシナリオが最も望ましいこととなります。

これは、台湾の政治的判断によって決まることですので、戦争には至りません。米国も日本も手出しできません。

では、1つ目の「台湾を弱らせた後」とはどういうことか。まず台湾の海上封鎖を行う。次に主要な防衛施設や部隊をミサイル攻撃で叩き、大規模な上陸作戦を行う。台湾は日本と同様、島なので、物資の相当部分を外国に依存しています。海上封鎖をされてしまうと、どうにもなりません。

台湾本島は中国の海岸から百数十キロほどしか離れておらず、面積もそれほど大きくない。中国はすでに海上封鎖を実行する海軍力を持ち、それが可能なことを証明する演習も行っています。また、いったん台湾を包囲すれば、海警局を動員して、法務執行を実施するでしょう。海上封鎖の後で、島の要所をミサイルで攻撃されたり、サイバー攻撃が行われたりすれば、台湾は太刀打ちできないでしょう。

小泉　中国が1つ目の選択をするとしたら、何が引き金になりますか？

山口　まず忘れてはならないのは、中国は台湾に対し「独立宣言をしない」「外部勢力による干渉をさせない」ことを軸に、「平和的統一」の圧力を加えていることです。同時に、2005年3月の第10期全人代第3回大会で採択された反国家分裂法では、もし台湾が中国からの分裂を試みた場合、「非平和的手段」を取ると定めています。中国の方針を端的に言えば、「まず平和的統一、それがダメなら武力行使」ということです。

ですから中国としては、事前に「統一案」を台湾に迫るんだろうと思います。その統一案には、台湾にとっての経済的、社会的なメリットも多く盛り込まれることでしょう。もし台湾が現状維持を理由に統一案を拒否したら、中国は「独立宣言」とみなし、さらに圧力を強めるか、実力行使に移るかもしれません。

小泉　そのシナリオはどちらかというと、中国が台湾に開戦の責任をなすりつけるようなやり方ですね。事実上、中国側に台湾侵攻の意図があるようにも思えます。確かにその可能性はあるかもしれません。さらにもう1つ、中国は積極的にはやりたくなかったけれど、行動せざるを得なくなるケース、すなわち中国にとってのレッドラインを、台湾が超えてくるシナリオもあるのではないですか。

山口　そこが問題です。先に示したのは中国の「台本」に過ぎません。実際中国がどのタイミングで武力侵攻に踏み切るかが焦点となります。「今なら確実に台湾を取れる」と台本通り侵攻を進めるケース、偶発的衝突から発展するケース、中国にとって状況が不利になり始め、「今のうちにやるしかない」と判断して行う、という3ケースに分けられます。結局、中国が台湾と地域の情勢をどう見ているかによります。中国が計画的に侵攻を実施する場合、「１２０％勝てる」と思ったら取りに行くかもしれません。

中国が「今しかない」と思った時が危ない

小泉　その「１２０％勝てる」という判断の中には、米国の介入がないという確信もあるんでしょうね。

山口　台湾は抵抗するかもしれないが長続きしない、米国も日本も介入しない、事後処理もなんとかなりそう。中国がそのように計算し、自信を持った時が危ないと思います。計画的に武力侵攻に踏み込むには、政治、経済、軍事の面で相当の準備が必要です。日本、米国、台湾としては、さまざまな兆候が見えるだろうし、ある程度備えることも可能になります。

さらに怖いのは、中国が「今しかない！」と突発的に動く時です。これ以上時間が経つと、統一は不可能になる、台湾は独立に向かうだけでなく、米国や日本が介入してくる、手遅れになる前に手を打とう、と決意する。この場合、中国は準備不十分であっても、なりふり構わず仕掛けてくるかもしれません。日本の真珠湾攻撃の際には、これ以上じっとしていてももっと不利になるので、今のうち米国を叩いておこうという意図があったのと同様です。

小泉　例えば中国経済の成長が明らかに頭打ちになって、後退局面に入る時です。経済成長のピークと軍事力のピークは一致しません。日本の経済成長のピークは30年前に過ぎましたが、軍事力は今のほうが高い。過去の蓄積を使えば経済のピークより何十年も後に軍事力のピークを持ってくることは可能です。もうこれ以上、経済は成長しないという見込みがあって、でもまだ軍事的にはやり残したことがあると判断すれば、中国が打って出るというシナリオも、理屈上考えられます。

山口　中国の資産バブル崩壊は、90年代の日本のバブル崩壊以上の事態になるかもしれません。中国にとって台湾への侵攻は、軍事面だけでなく、政治的、経済的に大きな覚悟が必要です。経済制裁による貿易への打撃、国際社会でのさらなる孤立とともに、戦費の負担にも備えなければなりません。もちろん中国もこのことは十分承知しており、準備と対策を講じていると思いますが。

小泉　バブル崩壊後の日本は、軍事力によって事態を打開するという選択肢はありませんでした。しかし、中国はあり得ます。現在の国力で台湾を取りに行かなければ、永久に台湾を統一できないと考えるかもしれません。その際は、中国だけが衰退しているのではなく、米国にも余裕がなくて、東アジア有事に関与してこなさそうだ、と中国が確信を持った時が危ないと思います。

米国の見積もりでは、中国が持っている使用可能な核弾頭は約500発あります。それが2030年には約1000発になり、米国が持つ戦略核戦力の約3分の2となります。そういう状況で米国が東アジアの秩序維持に関心を失っていたら、台湾を取りに行っても米国は介入しないだろうと考える余地が中国に生じかねません。必ず戦争が起こるということではないとしても、日本としては望ましくないシナリオです。

山口　中国が台湾に対して行動を起こすなら、まず海上封鎖からでしょうね。海上封鎖を行う場合、準備から実行に至るまで数日あれば可能です。中国軍の成長ぶりを見れば、その能力は着実に構築してきていると思います。

小泉　封鎖の隊形を作ること自体は簡単ですね。あとはどのぐらい封鎖を続けたら、台湾は音を上げるのか。

1962年のキューバ危機の際には、米国がキューバの海上封鎖を行いました。海上封鎖というのは戦争行為とは異なります。もし、封鎖している艦隊を他国が攻撃すれば、攻撃した側が戦争を仕掛けたことになります。

ウクライナ戦争では、ロシアはウクライナの黒海沖を封鎖し、ウクライナの穀物を積み出させないという姿勢を取っています。しかし、ロシアの黒海艦隊が、ウクライナにやってきた他国の貨物船を無差別に沈められるかというと、それはできません。
もし、それをやったらＮＡＴＯが直接参戦してくるかもしれず、ロシアにとっては怖い。ロシアができるのは脅しをかけること。ウクライナの小麦を積み出しに来る船が危害を加えられる「かもしれない」という状況を作ることで、ウクライナを経済的に孤立させようとする。海上封鎖というのは、武力を使わない軍事作戦と言えるでしょう。

中国が台湾を海上封鎖したら、米国は助けにいくのか

山口　中国としても戦わないで台湾を取れるのなら、それにこしたことはありません。どうすれば米国は介入してこないのか、その方法をいろいろ探っていると思います。いきなり台湾上陸作戦を実施したり、日米を攻撃したりしたら、米国は介入するでしょうが、台湾を少しずつ攻めた場合は、そうはならないかもしれない。
まず海上で台湾を包囲し、じわじわと締め上げていく。そこからは中国と台湾の我慢比べです。でも、台湾は1カ月も持たないと見られます。

小泉　日本経済新聞の記事（２０２４年4月30日付）によると、台湾の電力の8割は天然ガ

スと石炭。備蓄は天然ガスが11日分、石炭は1～2カ月分。ガソリンや化学製品の原料として使う石油は160日前後分しかありません。エネルギー自給率は7・6％です。

山口　海上封鎖が行われたら、米国はどう出るか。何らかの形で対応すると思いますが、実際にどのように動くかは不明です。

小泉　1950年代のソ連によるベルリン封鎖への米国の対応が参考になるかもしれません。ソ連が西ベルリンを封鎖した際、米国は大量の輸送機を投入し、百何十万人のベルリン市民向け生活物資を運び続けました。当時の小さなC－46輸送機ですから、天文学的なコストが掛かったはずですが、米国はやり切りました。もし台湾がベルリンのように封鎖されたら、米国はそれでも強行輸送作戦をやって台湾を支えようとするでしょうか。これは能力というよりも政治的決意の問題ですが。

山口　米国がどういう対応をとるかは、その時になってみないとわかりません。どのような経緯で海上封鎖に至るかによっても変わるでしょう。在日米軍と自衛隊で対処できない規模の場合、かなりの時間がかかるでしょうし、その間に中国は決着をつけようとするでしょう。

気になるのは、米国の介入に対する米国内の世論です。もし米中が衝突したら、米国にもかなりの犠牲者が出る可能性がある。介入によって米中全面戦争につながるリスクがあるなら、そこまでして台湾を助けにいくべきなのかという声が出るかもしれません。現時点での米国の戦略や態度を見れば、台湾有事の場合、台湾に落ち度がない限り介入すると思いますが、具体的にどのように動くかは不透明です。

小泉 ウクライナ情勢を見ていると、心配になりますね。先日、米国の中国軍事専門家と話をしました。「どうして日本はウクライナ支援をするのですか」と聞かれたので、私は「国際秩序が破壊されると日本は困る側なので支援しています」と答えました。彼女は、「台湾とウクライナは米国にとって重要性が全く違います。米国は台湾を必ず支援するから大丈夫」と言いました。

私は、「ある国が生き残れるかどうかは、米国にとって大事かどうかで決まるのですね。それは米国以外の国にとってとても不安なことです」と答えました。バイデンもトランプも、台湾有事に関してはほぼ一貫して「台湾を守る」と言っていますが、10年先もそうであるかどうかはわかりません。

日本としては、適切な抑止力とともに、米国の東アジアへの関与をつなぎ止めていかなければなりません。

長期的な日本の戦略は、米国のコミットメントを取り付ける外交戦略か、それができなければ日本が軍事大国への道を歩むしかない。後者は経済的に大変な負担がかかります。安全保障の面でも不安定で望ましくありません。究極的にはこの2つの選択肢があるとしても、当面は日米安保が存在し、米国には台湾防衛義務があるという前提で考えるならば、第2章で山口さんが言われた「非対称戦」に日本が投資することには意味があると思います。

海軍力の劣る国にとっては、潜水艦や機雷が重要

日本にとってなぜ潜水艦や機雷が重要かと言えば、日本が真っ正面から中国海軍と殴り合うには数的不利だからです。

数的に不利な側ができるのは、電波の届かない海面下で動くことです。20世紀以降現在に至るまでこの傾向は変わりません。大日本帝国海軍やソビエト海軍が潜水艦を好んだ理由は、米海軍が強すぎたからです。今度は我々が同じことをやらなくてはなりません。

中国が台湾周辺を封鎖し始めたら、あるいは台湾に向けて侵攻艦隊が出発したら、山口さんの言う「交戦のレベルをずらす」戦い方を考えなくてはならないでしょう。

山口　鍵となるのは、潜水艦戦と機雷戦です。これらの狙いは単に相手を破壊することではなく、相手の動きと行動範囲を限定させるところにあります。「あの辺りに行くと潜水艦がい

る」、あるいは「機雷が撒いてあるので厄介だ」と思わせることが重要です。要するに、相手の動きを封じるだけでなく、心理的にも不安感を植え付ける効果を狙います。相手にとって厄介な対潜戦と掃海を強要することによって、海上封鎖と上陸作戦を乱し、米軍が来るまで時間を稼ぎます。

もっとも、機雷戦においては注意が必要なのは、機雷を敷設できるのは有事になってからということです。平時に撒けば国際法違反になりますし、海上交通に影響が出ます。でも問題なのは、有事になってからでは、敷設が間に合わない可能性があることです。

小泉　日本が機雷を撒くとすれば、日本領海の琉球弧のほうでしょうね。奄美、沖縄、八重山の海域に機雷を撒いて、中国の空母や原子力潜水艦が出てこられないようにしながら、米国の空母機動部隊がハワイやグアム側から安全に接近してこられるようにする必要があるでしょう。

山口　沖縄本島や薩南諸島はもちろん、与那国島、石垣島、宮古島の周辺、宮古海峡が重要ですね。

小泉　今まさに自衛隊は、このエリアにレーダー部隊、水中聴音機、地対艦ミサイルを置いて、中国艦隊の通過を監視・妨害できる能力を持とうとしていますね。

台湾、尖閣諸島、沖縄の位置関係

他方、それでも本格的な侵攻に対して持ちこたえるにはこれだけでは不十分ですから、有事には兵力や火力を追加的に投入できるようにしておかないといけない。過去10年ほどの間に進んできた水陸機動団（日本版海兵隊）の創設や、後述する島嶼防衛用高速滑空弾の開発は、こうした必要性に基づくものです。

これは日本が海上封鎖をするというより、中国海軍の外洋展開を阻止する戦略と位置づけることができるでしょう。

山口 中国に対し、あの海域に行くと面倒だと思わせることがポイントですね。

小泉 「海上封鎖」というキーワードから出発して、いくつかのシナリオが出てきたように思うので、少し整理をしてみましょう。最初に山口さんがメインシナリオとしてあげたのは、中国による台湾の海上封鎖です。台湾の周りをぐるっと囲み、戦わずして台湾を屈服させるシナリオです。

先ほど私が話した列島線の封鎖は、米国が台湾を支援しに来たら、中国は軍事的に対抗してくるだろうから、それに対し日本は機雷を撒き、米国の空母機動部隊を側面支援しましょうということです。だから、これは台湾の海上封鎖の後に、米中が衝突した場合のシナリオです。

米国が一定の決意を持って台湾に飛行機や船を送り込み、海上封鎖を破ったとします。そのとき中国はどう動くでしょうか？

山口　中国としては、米国が介入しづらいようにすると思います。要は閉め出しとコストの強要ですね。だからこそ、今「接近阻止・領域拒否（Anti-Access, Area-Denial：Ａ２ＡＤ）」[注]を確立する能力を急ピッチで構築しています。

小泉　つまり、日本、グアム、ハワイあたりまでの西太平洋における米軍拠点を叩いて使えないようにしたり、米艦隊を寄せ付けないための対艦攻撃能力などですね。過去30年で中国のＡ２ＡＤ能力は本当に向上しました。

他方、米軍は「Ａ２ＡＤを絶対に破れないバリアーみたいなものとは考えてはならない」

とも言っていますね。前述のＥＡＢＯはこうした考え方に基づく対抗策の１つです。

このように考えたとき、より厄介なのは核による脅しではないでしょうか。

山口 米国はもちろん日本にある米軍基地に核ミサイルの照準を当て、いつでも叩く準備と覚悟があると示すでしょうし、中国のミサイル戦力を見ると、その能力はすでにあります。

小泉 海上のプレゼンス増大による脅しや領空侵犯による挑発かもしれないし、デモンストレーション的な核使用かもしれない。

山口 確かにデモンストレーションとしての核使用はあるかもしれません。核搭載ミサイルを東シナ海に撃ち込む。

小泉 デモンストレーション型核使用というのはロシアでもずっと議論されてきました。通常戦力では劣る核保有国にとっては、常に１つの選択肢なのでしょう。ちなみに中国も台湾の周辺を取り囲むようにミサイルを撃ち込む演習をしています。

山口 ２０２２年8月、当時のペロシ米国下院議長が台湾を電撃訪問した直後、中国は「重

（注）接近阻止・領域拒否（Ａ２ＡＤ） 相手の接近を阻止し、自軍の作戦圏内での相手の自由行動を拒否する戦略。

要軍事演習」を実施しました。中国は台湾周辺で戦闘機を飛ばし、ミサイルによる飽和攻撃、海上封鎖に準ずることも行いました。また、中国海軍と空軍は「中台中間線」を超えた演習や探索行動を増やし、空母や駆逐艦、高速戦闘支援艦が宮古海峡やバシー海峡（台湾南部とフィリピン北部のバタン諸島との間の海峡）を通じて太平洋に展開、軍事演習を行っています。

これは第一列島線(注)を突破し作戦を遂行するだけでなく、台湾本島の東側からも攻撃できる能力を持っていることを誇示するものです。これらはあくまで演習であり、本番にどう動くかは不明なところが多いですが、中国の軍事作戦の「一部プレビュー」とも言えます。

小泉　もし、中国が台湾の周りにミサイルを何発も撃ち込み、船の航行を制限してきたら、米国はどう対応するでしょうか。

山口　まずは、演習なのか、または本番の武力行使なのかを見極めようとするでしょう。前者だったら非難声明を出し、軍事演習や「航行の自由」作戦を展開すると思います。後者だと、状況によっては中国海軍を押し返したり、ミサイルを迎撃したりするかもしれません。

小泉　イエメンの武装組織フーシ派による紅海の封鎖に対しては、米国や英国は遠慮なくミサイルで反撃しています。フーシ派は核兵器を持っていないからです。

山口　乱暴な言い方をすると、米国がフーシ派を攻撃しても、リスクは少ない。これに対し、中国と戦争すると、様々な損害が出ます。グレーゾーン事態であっても、下手な対応をすると中国が本格攻撃してくるかもしれないので、安易に動けない。

小泉　中国と事を構えると核戦争へのエスカレーションの懸念が出てきます。例えば台湾の周りに降ってくる弾道ミサイルを、米国は撃ち落とせるのかどうか。もし撃ち落としたら、米国の強い決意を示すことになり、中国の台湾包囲を解かせる契機になるかもしれませんが、その結果、米中の全面戦争になるかもしれません。

山口　中国が一方的にミサイル攻撃した場合には、米国としては迎撃せざるを得ません。数や位置の問題もあるので、迎撃には自衛隊と合同実施することが不可欠となります。

小泉　ペロシ訪台の後、与那国周辺の排他的経済水域（ＥＥＺ）に中国のミサイルが４発落ちました。あの時日本は無視しましたが、もし、米国が台湾の封鎖を破りにいく作戦を始めたら、日本もその辺りにイージス艦を展開させ、落ちてくるミサイルを撃ち落とすのでしょ

（注）第一列島線は九州、沖縄、台湾、フィリピン、ボルネオ島を結び、第二列島線は、伊豆諸島、小笠原諸島、サイパン、グアム、パプアニューギニアを結ぶ国防ライン。

うか。日本のイージス艦の弾道ミサイル迎撃能力は世界的に見て、米国の次に高い。やろうと思ったらできますが、現実にできるかどうか。

山口　中国がなぜ重要軍事演習で我が国のEEZにミサイルを落としてきたのか。それは日本のEEZを認めていないということもありますが、自分たちの作戦を発展させるためです。中国が領空・領海侵犯や周辺への航行、ミサイル発射、海上封鎖に準ずる際どい演習を行うのは、日米台韓比豪がその演習のどこを見ているのか、どのように反応して動くのかを分析し、作戦の参考にするためなのです。

米中全面戦争が起きたら

小泉　中国による海上封鎖のシナリオとは、言い換えれば戦争手前の「グレーゾーン事態」が起きるということですね。私はその可能性が一番大きいのかどうかはわからないと思っています。結局、中国の意図は不透明であり、中国がいきなり台湾を侵攻してくる可能性も排除できません。実際に中国が台湾侵攻をするかどうかは別として、能力的には可能になってきています。だから、そのシナリオもきちんと考えておかなければなりません。

山口　中台の衝突、さらに日米やその他の国々を巻き込むような全面戦争になるシナリオはいくつか考えられます。それぞれの確率についても議論できますが、ここでは触れません。ただ、仮に確率が同等だとしても、偶発的な事態から始まる戦争はもっとも予想が難しく、コントロールも不能なので非常に厄介です。

小泉　キューバ危機の時は、いくつもの思い違いがありました。米国は、ソ連はまだキューバに核兵器を運び込んでいないと思っていたので、ケネディ大統領は直前までキューバに部隊を上陸させる気でいました。

ところが、ソ連側はもうルナMという戦術核ロケットを運び込んでいて、米軍が上陸してきたら、すぐ撃て、と言われていました。ケネディが一歩間違えれば、キューバで限定核戦争が始まっていたのです。

それから、キューバを封鎖する米海軍は、ソ連の潜水艦が展開してきたことがわかっていたので、音響爆雷をどんどん落とし、強制浮上させようとしました。ところが、ソ連の潜水艦は核魚雷を積んでいて、爆雷投下は攻撃に当たるので核魚雷を撃つべきかどうかという議論をしていました。

最終的に艦隊副司令官の政治将校が、核攻撃の命令は出ていないからと説得して、思いとどまらせたそうです。ですから、キューバ危機では少なくとも2回、核戦争の瀬戸際がありました。

山口　確かに、誤認によって中台衝突が起きる可能性はあります。例えば、中国が台湾軍に攻撃されたと誤認する。あるいは台湾のほうが、中国軍が攻めてきていると判断し、撃ち落としてしまった場合など、いろいろ考えられます。訓練として行ったミサイル発射を、実際の攻撃だと勘違いして反撃し、一気に戦争にエスカレートする恐れもある。

小泉　軍備管理専門家のジェフリー・ルイスが2018年に書いた『2020年・米朝核戦争』（土方奈美訳、文春文庫）というシミュレーション小説があります。北朝鮮が誤って韓国の修学旅行生が乗った飛行機を撃ち落としてしまったことが端緒となり、米朝間で核戦争が起きるという話で、かなりリアルです。

　冷戦期の事例を見れば、実際本当にどうでもいいような誤解から交戦寸前に至ったことがたくさんあります。偶発的な事態からのエスカレーションがどこまで行くかは、正直言って整理されていません。

山口　即応力を示すには演習を行うのが一番です。中国は演習を大々的にやっているし、これからもグレードアップしていくでしょう。すると緊張が高止まりしてしまうので、それに伴って偶発的な衝突の可能性が高くなります。

小泉　偶発的事態とは別に、中国による意図的な台湾への全面侵攻も考えておくべきだと思います。その場合は、米国が介入してこないことを何らかの形で中国が確信した時です。例えば核抑止や政治的な意思の後退などの理由で米国が介入しない場合、中国軍が台湾海峡版ノルマンディー上陸作戦のようなことを行う可能性も十分あると思います。

山口　上陸作戦の前の段階で、まずは海上封鎖とミサイル攻撃を周到に実施すると思いますが、同時進行の可能性もあると思いますか？

小泉　両方あり得ると思う。私だったら両方考えます。

山口　まず、政治的に屈服させる戦略。それが効かなければ海上封鎖、ミサイル攻撃で苦しめて、早めに降参させる、または台湾が軍事的に弱り切ったところで上陸作戦。海上封鎖とミサイル攻撃をする前に上陸すると、ロジスティクス的に相当の負担がありますし、返り討ちか妨害されるリスクがあります。

小泉　台湾の海岸をがちがちに固められてから上陸するのもきつい。電撃的に上がれたら、そっちのほうが損害は少ないかもしれない。だから正直、中国がどう考えるかでしょう。

要するに強襲か奇襲かの違い。海上封鎖後の上陸というのは強襲です。ノルマンディー上陸作戦は奇襲でした。

よりあり得るとすれば、最初から大規模な軍事力行使を伴わないハイブリッド型、グレーゾーン型です。やはり海上封鎖みたいなものを併用しながら、情報戦、サイバー戦、ゲリラ戦などを併用するシナリオが考えられます。

山口　ハイブリッド戦争の場合、認知戦や経済的圧力などの非軍事手段と、軍事的威嚇行為を混ぜます。最初から軍事一辺倒にすると、相当の損害や苦戦を強いられるリスクがあるし、相手の反発や抗戦に備える機会を与えるだけですから。中国による台湾のハイブリッド介入はすでに行われています。軍事的手段のほうが目立っていますが、非軍事的介入は例えば2024年1月の総統選挙でもありました。

中国は次第に軍事的手段へシフトしています。これは近年の軍事的動向から見えますが、中国自身が非軍事的手段の有効性が薄いと判断しているからです。

台湾政府は、独立に関する言及こそ避けているものの、「一つの中国」に触れている「92年コンセンサス」に対する中国の解釈や、習近平が提起した「一国二制度」を受け入れていません。台湾社会では「中国人」よりは「台湾人」としてのアイデンティティー意識が広がっていて、中国に吸収されることを良しとする声はごく少数です。台湾が自ら独立した場合、これが中国からの武力行使につながることは広く理解されていますが、一方で香港における一連の出来事を見て、「一国二制度」の罠も目の当たりにしました。

また、台湾にとって中国は輸出入とも最大の貿易相手で、多くの人やモノが往来していま す。もっともこの経済的な繋がりがあるからといって、衝突を抑えることはできません。

この難しい状況が関係して、台湾では、統一、独立、武力行使に反対する「不統、不独、不武」の現状維持が圧倒的支持を得ています。問題は、中国がこれを台湾による統一の拒否、独立への第一歩と認識していることです。今までの非軍事的手段は効果がなかった、平和統一は事実上不可能で、武力行使はやむを得ないと自覚しているようにも見えます。可能な限りあらゆる手を使って台湾に影響力を及ぼし、いずれは武力で台湾軍を制圧し、台湾を占領しようとするのではないでしょうか。

小泉　非軍事的手段だけで統一を行おうとすると、効果が出るのが遅くなりますし、効果が出ない場合もあります。即効的に成果を挙げようと思ったら、軍事力を併用するか、全面戦争を仕掛けるかとなります。ここまでにいくつか出たシナリオは、ひとつながりのスペクトラムとして存在しているのかもしれません。
どれを選ぶことになるかは、ここで議論してもわかるものではありません。これは2022年以来、私はずっとそう思っています。プーチンが合理的に行動するだろうという前提が当たらなかったからです。彼は合理的に行動しているのだろうが、彼の合理性は我々の合理性と同じ基準ではなかったのです。

沖縄と九州の基地へのミサイル攻撃

小泉　米中が全面戦争に突入した場合、沖縄にある日米の基地が攻撃されるのは明らかです。私が中国の人民解放軍だったら、まず沖縄と九州一帯の基地、とりわけ航空戦力を叩きます。

戦争が始まりそうになった時点で、動ける船はすべて海に出ているでしょう。問題は飛行機です。飛行機は基地がなければ動き続けられません。だから中国は早い段階で、日本にある米軍と自衛隊の飛行場を叩こうとするでしょう。台湾に対しても同様です。フィリピン、グアムの基地も狙うでしょう。

沖縄本島には、自衛隊の那覇基地、米軍の嘉手納基地があります。九州には戦闘機の基地が福岡県の築城（ついき）と宮崎県の新田原（にゅうたばる）にあります。あと山口県の岩国基地には、米海兵隊の戦闘機部隊がいますし、青森県三沢の米空軍基地も叩きたいでしょうね。

山口　さらに海上自衛隊の航空基地が長崎県大村と鹿児島県鹿屋（かのや）にあります。その他にも米軍と自衛隊が有事の際に使用可能な民間空港が、九州と沖縄に多数あります。

小泉 中国ならこの辺りの基地は必ず攻撃したいと思うでしょう。平時に日本ができることは、琉球弧の中にあるさまざまな民間飛行場も使えるようにすることです。すでに訓練は始まっています。鹿児島沖にある馬毛島（まげしま）は無人島ですが、防衛省が買い取り、島ごと要塞化しています。飛行場や地下弾薬庫も作っています。

新しい防衛力整備計画大綱では、空中給油機の数を大きく増やすことになっています。これにより、日本の中の遠くの基地から飛行機が出てこられるようになります。もし、沖縄の基地が損傷したら、米軍は一時的にグアム辺りまで下がる。米軍はグアムからオーストラリアにまで逃げることも想定しているようですね。

もう1つ、日本は中距離ミサイルを保有しようとしています。その第一は島嶼防衛用高速滑空弾と呼ばれているもので、その名の通り、日本の島嶼部に上陸してきた敵を叩くものですね。もう1つはもっと遅いトマホークなんかの巡航ミサイルですが、これは動けないけれども戦力発揮に必要な敵の後方施設、具体的には飛行場や港湾や指揮通信結節を叩くものだと思われます。後者はいわゆる能動防御（アクティブ・ディフェンス）ですね。攻撃的な能力を持つことで敵の攻勢能力を鈍らせるという発想です。

山口　中国のミサイルの一部を空中で撃ち落とすこともできますが、ミサイルの数を考えれば防ぎ切れません。特に最新のミサイルだと、既存のミサイル防衛網を突破される可能性があります。

小泉　中国は米国向けミサイルに核弾頭を搭載しています。中距離ミサイルの何割か、グアム向けのＤＦ－26については、半分ぐらいが核弾頭搭載でしょう。嘉手納を狙っているＤＦ－16の何割かにも核弾頭を積んでいます。

しかし、米国の核抑止が効いているとすれば、中国は最初から核ミサイルを撃ってくることはないでしょう。するとまず、通常弾頭を搭載したミサイルが何百発か日本に降ってくることになります。だから最初の一撃を耐え抜き、陸空海で戦う能力を保持することを考えなければなりません。

朝鮮有事のメインシナリオ――偶発的事態の後のエスカレーション

小泉　朝鮮半島の有事に移ります。山口さんが考えるメインシナリオはどのようなものですか？

山口　まず、北朝鮮の戦略目的を整理しましょう。北朝鮮が目指すのは朝鮮労働党下の朝鮮半島の統一です。朝鮮労働党が創立されて以来、ずっと変わっていません。北朝鮮の目的は統一ではなく、体制維持とも言われていますが、これも間違ってはいません。要するに、統一と体制維持は表裏一体で、体制を少しでも犠牲にする統一は許されず、同時に統一は体制を維持する究極の方法ということなのです。

最近、北朝鮮は韓国を統一の対象ではなく、敵対国だと主張しています。同時に「朝鮮半島で戦争が起きた場合には、大韓民国を完全に占領、平定、奪還し、共和国（北朝鮮）領域に編入させる」と言っているので、和解と平和を放棄し、武力によって朝鮮半島の問題を解決しようとしています。これは簡単にいうと言葉遊びです。「統一」は和解を通じた平和統一を意味し、武力によるものは「占領」、「平定」、「奪還」、「編入」という言葉を使っています。しかも平和的共存も否定している。

北朝鮮は今までも武力に頼ってきましたし、たとえ防衛に徹しているとしても、様々な武力行為を行ってきました。ですので、「武力一択」としている今こそ、危険度が高まったと言えます。このことは外交力で台湾を孤立させながらも、経済力を駆使して台湾と接してきた中国とは大きく違います。

しかし、北朝鮮が南に侵攻して統一を実行するかというと、そう簡単ではありません。北朝鮮自身も、韓国に攻め込み、韓国軍と在韓米軍を無力化し、自由と民主主義が強く根付いている韓国社会を統治することは、事実上不可能であることを十分自覚しています。また、北朝鮮はこれまで認知戦などで韓国社会を懐柔したり、進歩派・左派勢力を誘導したりしてきましたが、効果は限定的で、せいぜい左派の主張を援護したり便乗する程度に終わっています。ただ、それでも何らかの衝突が勃発した場合、全面で攻撃してくる恐れはあります。

小泉　しかし、政治的な緊張の連鎖が軍事的危機に至ってしまう可能性というのはありますよね。

山口　偶発的な出来事が起きた後にエスカレーションが起きて、朝鮮戦争が再開するのが一番可能性の高いシナリオです。北朝鮮は2024年秋に南北を繋ぐ道路や線路を爆破しました。これで南北の交流だけでなく、北朝鮮からの侵略や攻撃の可能性がなくなったと指摘する人もいます。しかし、北朝鮮が韓国を攻撃する手段は他にもありますし、これらのインフラは修復可能です。私はむしろ北朝鮮の一連の言動によって軍事的緊張が高まったと見ています。韓国の軍事演習に対する武力的な反応、軍事境界線付近での韓国への攻撃、北朝鮮の工作員侵入など、いろいろな事態が考えられます。

小泉　延坪島(ヨンピョンド)は2010年に北朝鮮の砲撃を受けましたね。激しい砲撃戦があって、韓国軍人や民間人の死者、負傷者が出ました。

山口 あの時は限定的な応酬で済みましたが、今後似たような事態が起きた場合、もっとエスカレートする恐れがあります。両国とも軍事力を充実させ、より攻撃的な戦略と作戦を確立させています。

例えば韓国は延坪島砲撃事件以降、北朝鮮が手を出してきたら大規模な報復を実施することを軍事戦略に盛り込みました。また韓国と北朝鮮は2018年に一帯における敵対行為を禁じる「南北軍事合意」を結び、衝突を避けるために軍事境界線付近での軍事的活動を制限したり、上空の飛行禁止区域を設定したりしましたが、今では無効化しています。

小泉 延坪島砲撃事件を受け、韓国は北朝鮮の核ミサイルに対して先制攻撃を行う「キルチェーン」というシステムを構築しようとしています。次に北朝鮮が何らかの軍事的攻撃をしたら、韓国はどれぐらいの報復ができると思いますか？

山口 先制攻撃の「キルチェーン」、ミサイルを迎撃する「韓国型ミサイル防衛体系」、指導部などに戦略報復攻撃を行う「大量反撃報復」からなる、韓国型三軸体系はまだ完成していません。これらを統括する戦略司令部も24年10月に創設されたばかりなので、今はまだ動けないでしょう。将来的には北朝鮮から攻撃を受けた場合、平壌（ピョンヤン）はもちろん、北朝鮮軍の主要基地を叩きます。北朝鮮も23年9月に採択した核戦力法令で先制と報復核攻撃を実施するとしており、大規模かつ高速の撃ち合いになる恐れがあります。

小泉　非武装地帯（ＤＭＺ）の米軍はどうなっていますか。

山口　今も在韓米軍の兵力は３万人弱で維持されています。軍事境界線付近の多くの部隊は京畿道平沢（ピョンテク）市のハンフリーズ基地などソウル以南に移転されましたが、韓国から撤退したわけではありません。また、ソウルの龍山（ヨンサン）にあった米韓連合司令部と在韓米軍司令部も22年ハンフリーズ基地に移転しました。

小泉　いずれにしてもＤＭＺ近くに米軍がいるということは、北朝鮮の地上部隊が南進したら、米国との全面戦争を覚悟しなければならないということですね。それを回避するとすれば、北朝鮮は米軍を狙わない可能性もあるのでは？

山口　米韓相互防衛条約上、韓国に対する大規模な攻撃や侵攻には、米軍は無条件に動くことになっていますので、北朝鮮軍が韓国領に入ってきたのに米軍が何もしなかったら大問題となります。北朝鮮としても米軍は攻撃せずに韓国軍だけを攻撃するのは無理です。同時に叩くのではないでしょうか。問題は北朝鮮のミサイルが、米国の地上配備型ミサイル迎撃システム（ＴＨＡＡＤ）を突破できるかどうかです。

小泉　もし米軍に叩かれる心配をするぐらいだったら、そもそも軍事挑発をしなければいいはず。だから、そこは北朝鮮がすでにリスクを織り込んでいるだろうと思います。

山口　だからこそ、北朝鮮は米韓同盟の解消と在韓米軍の韓国からの撤退を求めています。ただ、これは難しいので、米国や日本を叩ける能力を通じて、相手の介入を思い止まらせる、いわゆる「エスカレーション抑止」、または戦力を削る手段を持とうとしています。

小泉　米軍のプレゼンスが低下したら、北朝鮮はおとなしくなるのか、それとももっと挑発的になるのか。

山口　そこが最大の問題です。米軍がプレゼンスを弱めれば、北朝鮮はもっと韓国に圧力をかけ、最悪の場合攻撃をしてくる恐れもあります。政治工作も加速し、韓国を取り込もうとするでしょう。北朝鮮は、韓国に南進し統一を実現するのが厳しいことは、朝鮮戦争で身をもって知りました。そのハードルは当時とは比べものにならないくらい高いことを自覚しています。

だから、もっと違うやり方をしてくるかもしれません。例えば韓国で親北あるいは融和的な政権が誕生した場合、軍事的圧力を加えたり、あるいは和解のふりをして譲歩させたり、じわじわと現状を変更させるシナリオも考えられます。

北方限界線（NLL）と北朝鮮の海上軍事境界線と西海五島

小泉　その軍事的な圧力とは、具体的に何をするんですか。

山口　何よりも北朝鮮軍がすぐ近くに存在していること自体が圧力となっています。韓国の総人口のほぼ半分、約2596万人がソウル特別市、仁川（インチョン）広域市、京畿道（キョンギド）からなる首都圏に居住しています。ソウルは軍事境界線から50数キロのところにあり、軍事境界線付近に並ぶ北朝鮮軍の大砲、多連装ロケット砲、短距離ミサイルの射程内で、常に集中砲火に合う恐怖があります。

また、北朝鮮の軍事行為や挑発はプレッシャーとなっています。北朝鮮は1953年7月の休戦以来、軍備増強から偵察活動まで、韓国に対しさまざまな軍事的圧力を加えてきました。最も衝突が起きやすいのが、事実上、海上の境界線として機能している北方限界線（ＮＬＬ：Northern Limit Line）付近です。ＮＬＬは53年8月に国連軍司令官が設定しましたが、北朝鮮は73年から異議を唱え始め、99年には独自の海上軍事境界線を一方的に宣布したので、黄海には2つの境界線がある形になっています。

このため、軍事衝突が起きやすく、実際に3回の海戦と、２０１０年3月の韓国海軍コルベット「天安」の沈没事件、10年11月の延坪島砲撃事件などがありました。しかも、韓国領である白翎島、大青島、小青島、延坪島、隅島の「西海五島」はＮＬＬ以南にありますが、北朝鮮に限りなく近いので、非常に脆弱です。

小泉　海の上の国境線が変わるだけだったら、日本としては気にすることはないですね。日本の安全保障に影響を及ぼすのは、朝鮮半島で大規模な動乱が起きるか、韓国の政権がだめになる時です。

山口　当然、大規模な動乱や全面戦争、韓国の壊滅のほうが我が国の安全保障に大きな影響を及ぼします。ただ、軍事境界線付近の衝突も、決して対岸の火事では済みません。軍事境界線での衝突がエスカレートすれば、北朝鮮は在日米軍基地や横田にある朝鮮国連軍後方司令部、自衛隊の基地をミサイル攻撃したり、サイバー攻撃を実行する可能性もあります。また、可能性としては非常に低いですが、もし韓国が自主的または強制的に北朝鮮に吸収されたりすれば、敵対国が対馬のすぐ先にあることになるので、脅威となります。

小泉　米国の軍事プレゼンスがある限り、南北衝突は難しいですよね。逆に言うと、つまらない結論ですが、米国のプレゼンスは台湾と朝鮮半島に共通する安定要素になっています。米国というピンが外れたら、いろいろなものが壊れてしまう。

そう考えれば日米韓による安全保障が重要になります。日米と米韓という2つの同盟関係を上手にコーディネートすることが大切です。東アジア全体で抑止力を最適配分できるようにしておかないと、現状変更が可能であるという誤解を中国や北朝鮮に与えかねません。

山口　問題は、米軍のプレゼンスがありながらも、すでに北朝鮮は何度も韓国に攻撃や挑発行為をしていることです。この半世紀で、韓国を標的にした小規模攻撃や、領土・領海侵犯、浸透工作など、戦争にならないギリギリの行為を行っていますし、米軍に対しても、冷戦時には米軍艦船の拿捕（だほ）、偵察機の撃墜、米兵殺害をしたりしました。

妨害行為や認知戦は日常茶飯事で、サイバー攻撃も度々起きています。北朝鮮が国境近くの仁川（インチョン）空港や金浦（キンポ）空港に向けて妨害電波を流し、民間航空機への影響が出たこともあります。認知戦では、北朝鮮の公式声明だけでなく、インターネット上で韓国の内政、米韓同盟や日米韓安全保障協力、南北関係に関わる世論工作を続けています。

小泉　北朝鮮の政治はどうでしょう。時々体制崩壊に関する話も出ますが、それによる有事なども考えられますか。

山口　北朝鮮が崩壊の危機に直面したのは、金日成が死去した90年代半ば頃で、金正恩政権は、金正日時代よりも安定しているように見えます。もっとも北朝鮮内の不測の事態とそれに伴う有事については意識していく必要があります。体制が崩壊した場合、これまでとは全く次元の異なる問題が起きる可能性があるからです。

米韓は「概念計画５０２９」という、北朝鮮の体制崩壊時を想定した極秘の軍事概念計画を持っていますが、実際の対応においては多くの課題があります。

とくに懸念すべきは、金正恩の死亡やクーデターなどによって体制が崩壊した場合、朝鮮人民軍が分裂することです。金体制の復活を目指す集団、前体制よりも強硬な手段を唱える集団、民主化を目指す集団などいくつかに分かれ、内戦の勃発とともに、一部が日米韓に攻撃を仕掛ける恐れもあります。

分裂した集団が核などの大量破壊兵器を手に入れる心配もあります。中国が介入してくるかもしれません。多方面での衝突や混乱が想定されるため、この状況をどうやって鎮圧するかが課題になります。

北朝鮮のミサイルと中国のミサイルの違い

山口　北朝鮮から見ると、日米同盟が邪魔なのは中国と同様です。南北統一であれ、金体制の維持であれ、北朝鮮の戦略は朝鮮半島に集中していますが、日米韓はこれを阻害しているという考え方が根底にあります。もし南北で大規模衝突が起きたら、北朝鮮のミサイルが日本の主要な米軍・自衛隊基地を攻撃してくるでしょう。また、北朝鮮も中国と同じように、「これ以上我慢できない」「今動かないと手遅れになる」と判断した時、突発的に先制・予防攻撃を仕掛けてくる恐れがあります。

小泉　中国と北朝鮮のミサイルの違いは、一度に撃ち込める数と性能です。そして北の場合はミサイルに大威力核弾頭を搭載してあることです。命中精度の低いミサイルで攻撃しようと思えば、威力の大きい核弾頭を積むしかありませんから。

1発落ちた場合の副次的な被害は、北のミサイルのほうが大きくなりますから、対北朝鮮については、多少コストがかかってもミサイル防衛能力を持っておくべきです。対中国の防衛能力のほうはあまり役に立たないでしょうが、すでに述べた威嚇的な核使用を無効化する意味はありますね。

弾道ミサイル防衛もアップデートしていかねばなりません。弾道ミサイルはその名の通り、弾道を描いて飛びます。軌道は単純ですから、数さえ少なければ迎撃できます。問題なのは、北朝鮮が軌道を変えながら飛んでくるミサイルを作り始めたことです。このミサイルの迎撃はなかなか厄介です。軌道が低いのでなかなかレーダーの見通し線に入ってこないし、落下予測地点も変わる可能性がある。

米国と日本の共同開発が決まったＧＰＩという新型の迎撃ミサイルがあります。これは低いところを飛んでくる極超音速ミサイルへの対応も可能です。しかし、これにはものすごいお金がかかります。

既存のミサイル防衛システムやＧＰＩは、イージス艦に積まれます。日本海にイージス艦を展開させておき、ミサイルが日本に飛んで来たら、途中（ミッドコース）で迎撃する仕組みです。

もし撃ち漏らしたら、地上にある地対空誘導弾パトリオット（ＰＡＣ－３）で打ち落とします。ＰＡＣ－３は東京・市ヶ谷の自衛隊駐屯地などに配備されています。

市ヶ谷駐屯地の中庭にあるＰＡＣ－３は、昔運動場があった所でした。地下に巨大空間があり、そこには弾薬庫があると言われています。こういう装備が日本の要所要所にあります。

山口　問題となるのは、北朝鮮がどのように核攻撃を行うかです。以前、北朝鮮は思考回路が我々と違う、なりふり構わずミサイルを撃ってくるのではと言われたりしましたが、実際にはかなり考えた上でミサイル戦略を形成しています。

北朝鮮は中国よりも核兵器を積極的に使う恐れがあります。1つ目の理由は戦略的なものです。両国とも、米国や日本の介入を防ぐためのエスカレーション抑止の道具として核兵器を利用している点では共通します。ただ、実際の使用となると、中国の場合、台湾を奪うという明確な目的を果たすための一手段です。これに対し北朝鮮は、核は唯一の効果的な手段であり、しかも存立の危機に直面した状況で使うと言っているので、危機を認識した時点で躊躇なく使う恐れがあります。

2つ目の理由は技術的なものです。北朝鮮は偵察衛星システムの運用化を進めていますが、苦戦しているようです。レーダーやセンサーの多くも1950年から70年代のソ連製またはそれに基づいたもので、ネットワークもまだ発展途上です。このように弱い眼と耳と神経では、日米韓の動きを正しく探知、補足、分析できません。攻撃されていると誤認し、ミサイル攻撃をしてしまう恐れもあります。

これも、前章で述べた『ドラえもん　のび太の海底鬼岩城』シナリオと少し似ていますね。

朝鮮半島と台湾海峡の「ダブル有事」

山口　私は現在、インド太平洋地域における「マルチ有事」のリスクを分析しています。主に朝鮮半島と台湾海峡で同時に有事が発生する事態を想定します。まるで戦争映画や漫画のように思えるかもしれませんが、研究やウォーゲームを通じて少なくないリスクがあることに気づき、背筋が寒くなりました。

まず、計画的なものとして、①台湾で何らかの事態が起きる、北朝鮮がそこに便乗して軍事作戦を展開する。または、②朝鮮半島で何かの事態が起きて、中国が便乗して台湾を攻める、という2つのシナリオがあります。そこには単なる軍事的圧力から軍事侵攻までグラデーションがあります。ただ、中国から見れば、北朝鮮が日米韓に攻撃されると、中朝境の守りと台湾の二正面作戦を迫られることになるので、そう簡単なものではありません。

次に懸念されるのは、朝鮮半島か台湾海峡のどちらかで何かが起きて、東アジア全体の緊張が高まった結果、もう片方で偶発的な衝突が起きるシナリオです。計画的なマルチ有事と同じく、日米韓は対応できなくなる可能性が高く、相当の被害が想定されます。

偶発的なマルチ有事のほうが、さまざまな方向と形でエスカレートしていくので、対応はずっと難しいと思います。また、これは地域をまたいだダブル有事ではないかもしれませんが、多くの国々を巻き添えにする連鎖的な事態のリスクがあります。例えば、北朝鮮が米韓から先制攻撃されると誤認し、日米韓に先制攻撃を行います。それに対し米韓は押し返し、北朝鮮を壊滅させます。一方で、北朝鮮で内戦が勃発する。すると米韓はもちろん、中国も対応せざるを得なくなり、日本も巻き添えになる可能性が非常に高くなります。

小泉　私が考えているのは、ユーラシア東西シナリオです。これはロシアや東欧で何かが起きて、同時に東アジアでも何かが起きるケースです。もう1つは複合事態シナリオです。自然災害と軍事的危機事態が重なる可能性ですね。とりわけ台湾は自然災害が多いので、それに合わせ中国が何かを仕掛けてくることも想定しておかなければなりません。私が以前参加したウォーゲームでは、そのようなシナリオがありました。

山口　朝鮮半島情勢も台湾海峡情勢も、膨大な数のシナリオが考えられます。それらをざっくり分けると、①計画的な武力行使（自作自演、偽旗作戦、陽動作戦含む）、②偶発的な衝突、③国内の不測の事態からの有事、という3つのカテゴリーとなります。場合によっては、これらが連鎖的に起きる可能性があります。

小泉　最後にロシアについて触れましょう。日本とロシアが北方領土を巡って軍事衝突するというシナリオは、ロシア軍の演習なんかでは見られるものではありますが、現実的に蓋然性が高いとは言えません。ロシアの着上陸能力は低いので、物理的にも日本がロシアの侵略を受ける可能性は低い。また、実際、政府の「国家安全保障戦略」でもロシアの脅威は中国や北朝鮮に比べると一段階低いと評価されています。

現実的に心配しないといけないのは、ロシアが欧州正面でまた侵略的な行動をとったために米軍の抑止リソースがそちらに拘束され、アジア正面が手薄になるシナリオです。こうした事態において中国や北朝鮮が「今ならやれる」と計算する可能性はあります。

逆に、中国が台湾海峡で軍事作戦を始めると決意した段階で、ロシアが陽動を買って出るという可能性もあり得ますね。

いずれにしてもこれは十分でない米軍の抑止リソースが、中露間で股裂きになってしまうことで起きる事態ですから、欧州正面とアジア正面の西側同盟国がそれぞれの域内で、できるだけ「米軍抜きの抑止力」を高めておかねばなりません。

山口　私も同じように考えています。私は近年の中国、北朝鮮、ロシアの連携と支援が気になります。現時点では、3カ国とも相互防衛を約束する同盟というよりは、打算的な「都合の良い関係」なので、全面的にお互いの軍事作戦に参戦するかは不明です。いわゆるマルチ戦争は最悪のケースですが、例えば片方が攻撃や侵攻を実施する際、もう片方が軍事挑発などで日米韓台を錯乱させ、注意とリソースを削ることも考えられます。

3国の相互支援とその影響も考えなければいけません。例えば北朝鮮のウクライナ戦争への派兵は、傭兵の提供みたいなもので、それ自体は我が国や韓国への直接的な脅威とは思いませんん。ただ、その見返りとしてロシアが北朝鮮に軍事技術、資金、資源の支援を行うならば、これは北朝鮮軍の近代化に繋がるし、結果として脅威が高まることになります。

このように、我が国を取り巻く安全保障環境は、単に中朝露それぞれの脅威が高まっているだけでなく、複雑に絡み合っていることにより、危険度が増していることを認識する必要があると思います。

Column 5

北朝鮮の即応力不足と核使用の脅威

山口 亮

北朝鮮の国防計画と軍事近代化は1960年代に遡る。北朝鮮は60年代に国防力を強化するため、「全軍幹部化」、「全軍現代化」、「全人民武装化」、「全国土要塞化」からなる「自衛的軍事路線」という軍事計画ドクトリンを展開し、これらは現在も自国の国防計画の礎となっている。(注) また、北朝鮮がソ連からの支援で核兵器の開発に向けた研究を始めたのも、ちょうど同じ頃である。

自衛的軍事路線によって、朝鮮人民軍や準軍組織は2000年代頃までに巨大化したものの、経済難や開発生産における制約から、ほとんどの兵器・装備は老朽化した旧世代のものだった。さらに燃料・物資・部品不足、MRO能力不足、将兵の健康状態および不正行為など、運用即応力に深刻な問題を抱えていた。2010年代には、各種弾道・巡航ミサイルと大量破壊兵器、サイバー戦能力、一部の通常兵器において一定の発展が見られたが、それでも即応力の深刻な問題を解決するには至らず、日米韓との軍事バランスは劣勢のままであった。

しかし、2020年代に入り、北朝鮮の軍事計画は新たな段階に入り、急ピッチで新型兵器の開発と実戦配備を進めるようになる。21年1月、金正恩は朝鮮労働党第8回大会で、「国防科学発展及び武器体系開発5カ年計画」(「国防5カ年計画」)を発表し、「多弾頭個別誘導技術」、「固体燃料指揮弾道ミサイル」、「極超音速滑空飛行戦闘部」、「原子力潜水艦」、「各種電子兵器」、「無人打撃装備」、「偵察探知手段」、「軍事偵察衛星」等の研究開発を指示した。また、これと並行してサイバー戦、一部の通常兵器、水上艦船や潜水艦の強化も引き続き進めている。

25年は「国防5カ年計画」の最終年、すなわち「納期」となるが、大筋は計画通りに進んでいると見られる。各種弾道ミサイルの固体燃料化は概ね果たしており、多弾道ミサイルの戦力化も完成した。無人機も運用化され、弾道・巡航ミサイルの発射可能な潜水艦も進水した。軍事偵察衛星には技術的課題が多く、効果的に運用するには5~10基を軌道に乗せる必要があるが、ある程度の能力を確保するのは時間の問題と見られる。

もっとも、兵器・装備を揃えたところで、北朝鮮軍の即応力が一気に進化したとは言えない。特に運用即応力においては、ロジスティクス、メンテナンス、後方支援、人材、教育・訓練等が著しく不足している。また輸送システムが円滑に運用できないため、軍内のサプライチェーンが正常に稼働していない。また、長年の経済崩壊、食糧不足、少子高齢化により、隊員の健康や品行が長年の課題となっている。さらに、北朝鮮は戦争に備え、2~3カ月分の燃料、食料、その他の備品・必需品を保管しているとされるが、実際には不備・盗難・転売がまかり通っている。

北朝鮮軍の最大の弱点は運用力の不足だ。もし、北朝鮮が日米韓に対して攻撃を実施した場合、序盤で大量の弾薬や燃料を早いペースで消費することになり、戦闘が進めば進むほど、供給が需要に追い付かなくなる。たとえ奇襲攻撃を行うことができたとしても、大規模または長期的な軍事作戦を成功裏に実施することは極めて難しい。

また、隊員の能力にも課題がある。深刻な燃料不足により、海軍や空軍の実践的な訓練が限られ、シミュレーター等の訓練器具も不十分なため、隊員の練度に大きく影響している。仮に北朝鮮が中国やロシアから燃料やその他物資を確保したとしても、深刻な燃料・物資不足に陥って数十年が経っているため、その間に失った作戦遂行能力を取り戻すには、相当のリソースと時間を要する。

もちろん、即応力に問題があるからといって、北朝鮮が脅威ではないと結論付けるのは早計である。当然、北朝鮮も自軍の弱点や課題を承知しており、むしろ日米韓に勝てる方法が限られているからこそ、核攻撃能力を強化していると言えよう。

北朝鮮は、保有している能力の中で最も効果的である核戦力の使用条件を具体化するようになる。金正恩は国防5カ年計画や22年4月25日に行われた朝鮮人民革命軍創設90年記念閲兵式での演説でも、相手の都市や行政機関、軍司令部、重要インフラ等を標的とする「戦略核」と、相手部隊や基地等を標的とする「戦術核」の実戦配備と運用化、そして抑止だけでなく、実戦的な使用について触れていたが、具体的な内容については不明なままであった。

しかし、北朝鮮は22年9月8日に開かれた最高人民会議第14期第7回会議にて核戦力政策に関する法令（以下「核戦力法令」）を採択した。最も注目すべき核使用条件においては、「朝鮮民主主義人民共和国」、「国家指導部及び核戦力指揮機構」、「国家の重要戦略的対象」に対する攻撃に加え、「戦争の拡大と長期化を防ぎ、戦争の主導権を掌握するため」と「国家の存立と人民の生命安全に破局的な危機を招く事態」に核攻撃を実施するとし、しかも「差し迫ったと判断された場合」という文言も入った。

これらを足し合わせると、北朝鮮の核使用には反撃と先制・予防攻撃が含まれていることを意味し、ハードルをかなり下げたことがわかる。

核兵器の積極的な使用は、北朝鮮の「エスカレーション抑止」の一環でもある。つまり、戦略・戦術核攻撃を積極的に使用し、早い段階で相手の戦力を削る能力と姿勢を示すことにより、日米の介入を止めさせ、韓国軍と在韓米軍に勝つ可能性を上げようとしている。

朝鮮労働党中央軍事委員会拡大会議などで、「重要な戦略・戦術的課業」、「前線部隊」の作戦能力や任務について議論されていることを考えると、核攻撃と運用について具体的な議論が進められていると見られる。

北朝鮮が各種弾道・巡航ミサイルを開発・量産し、これらを積極的に使用する戦略・戦術と能力を構築していることを考えると、日米韓が北朝鮮のミサイル攻撃を防ぎきれないことは、最大の問題となる。

日米韓は様々なミサイル防衛システムを運用しているが、飽和攻撃や変則軌道で飛翔するミサイルへの対応が課題である。特に韓国と在韓米軍の場合、北朝鮮との距離を考慮すると、多連装ロケット砲や大砲による攻撃にも曝されている。このため、いくら日米韓が北朝鮮に反撃し、最終的には勝てるとしても、戦闘の初期段階では相当の被害を受ける可能性がある。

また、北朝鮮軍は非対称戦に特化している。特殊部隊や工作員、漁船に偽装した工作船、小型潜水艦や半潜水艇、地下トンネル、各種ドローン、レーダーに探知されにくい気球やグライダーを有する。さらに、サイバー戦、電子戦、認知戦など、日米韓が技術的優位性だけで対処できない能力を持つ。これらをミサイル攻撃と組み合わせることにより、北朝鮮は日米韓に対する攻撃能力を高めようとしている。

このように、北朝鮮は核ミサイルの戦力と戦略のテコ入れを進めているが、これだけでは朝鮮人民軍の即応力が著しく強化されたとは言えない。前述の運用即応力上の課題は深刻なままで、早期警戒やミサイル迎撃システムなど、相手からの攻撃を防御する能力や、海軍・空軍戦力も不足しており、ミサイル戦力だけでは補えない問題が多い。簡単に言えば、相手に殴りかかることはできても、相手の攻撃から自分を守る能力が不足しており、さらに「スタミナ切れ」を起こしやすい。

北朝鮮は国防計画の礎である自衛的軍事路線を進めてきたが、日米韓に対する劣勢な軍事バランスと核兵器の開発が課題だった。しかし、この不利な状況は、かえって北朝鮮の「勝利の方程式」を絞ることになり、国防計画の方針を固めさせた。北朝鮮の国防計画と軍の即応力にはなお多くの課題があるものの、脅威が高まっていることは明らかである。

(注) Ryo Hinata-Yamaguchi. *Defense Planning and Readiness of North Korea: Armed to Rule* (Routledge, 2021)

第5章

では、日本は何をすべきか

グレーゾーン事態への準備

小泉　私と山口さんが中心になって、2022年、東京大学先端科学技術研究センター・創発戦略研究オープンラボ（ROLES）は、国家安保戦略に向けた提言書を発表しました。この章では、日本に必要な安全保障政策を改めて議論します。

山口　まず確認すべきは、ここ2、3年で日本をめぐる情勢が大きく変わってきたことです。これは単に中朝露の軍事的脅威が高まっているだけでなく、そのエリアが、台湾海峡、朝鮮半島、極東ロシア、南シナ海、南太平洋へ拡大しています。さらに防衛すべき空間も、陸海空、サイバー、宇宙、認知戦に広がっています。日本は多元的な事態に対処しなければなりませんが、そのための予算、人員、技術が不足しています。

要するに脅威や課題は増えているのに、対応するリソースが限られているという、非常に深刻な状況です。また、単にどれかのリソースを増やせば解決する訳ではありません。どうすれば最も効率的に備えられるのかを議論する必要があります。

小泉　第4章では台湾有事をめぐって3つのシナリオを示しました。山口さんはグレーゾーン事態（平時と有事の中間にある状態）をきっかけとした偶発的衝突の可能性が高いと考えているのですね。

山口　はい。最も確率が高いというよりは、対応がしにくいので懸念しています。計画的に武力行使をするには準備が必要です。ある程度相手の動きを読めるので、抑止と防衛の両面から対策を講じることができます。しかし、偶発的な衝突となると、相手は台本なしにリミッターが外れた状態に近いので、急速にしかも多様な形でエスカレートする可能性があります。近年は現状維持勢力と現状変更勢力の間でグレーゾーン事態が増え、緊張が高止まりしています。この状態が続けば、偶発的衝突の可能性が高くなり、一気にエスカレートする恐れがあります。

小泉　第４章で述べたように、私はそれについては判断を保留していますが、もし一番可能性の高いシナリオがグレーゾーン事態からだとすると、日本はどう対処しようとしているのでしょうか。今足りないことがあるとすれば、それは何でしょうか。

山口　簡単に言えば抑止力が足りません。グレーゾーン事態が生じること自体、抑止が不十分なことを示しています。また、防衛力と同様に問題なのは、法制度による制約です。日本の場合、憲法９条の制約が指摘されることが多いですが、それだけでなく、自衛隊法や交戦規定など、有事における法整備が十分ではありません。

小泉 抑止力不足の一番の問題は法制度ということですか。

山口 法制度と能力の両方ですね。相手側は、日本に圧力をかけても強く反応しないだろうと見ています。すると次第に現状が変更されていき、我が国は脆弱で不利な状況に陥ってしまいます。

小泉 法制度の課題では、能動的サイバー防御法の整備以外に何がありますか。

山口 我が国の場合、相手の敵対行為を認めて、警察権から自衛権へ移行する手順が、他国よりも複雑です。平和安全法制によって多少は改善されましたが、それでも制約が多いと思います。

相手の敵対行為が明らかになって、自衛権が認められた時点では間に合わず、損害を被ってしまう恐れがあります。この脆弱性を是正するには、交戦規定の水準を下げ、警察権から自衛権への移行手順をもっと簡単にするのも一案です。

これは「すぐ相手を撃て」ということではありません。相手からすれば、日本が先に手を出せば、事態を悪化させたと主張できますからね。そうではなく、一線を少しでも超えたら、敵対行動とみなす、我々は自衛権発動の用意があるとはっきり示すことが、抑止強化につながります。

ポジティブリストをネガティブリストに

小泉　交戦規定の水準を下げるというよりは、現状のポジティブリスト形式をネガティブリスト形式に変えるということではないでしょうか。現状は「これはやっていい」としか決まっていません。本来、交戦規定は「これだけはやるな」です。ポジティブリストからネガティブリストへ抜本的に変えないと、現場は縛られたままになります。

山口　おっしゃる通りです。現状はポジティブリストのため、グレーゾーン事態への対処が難しい。相手は、日本の自衛権の行使が縛られていることを理解していますので、最初は曖昧な行動で攻めながら、決定的な瞬間に敵対行為に移ろうとします。

小泉　グレーゾーン事態とは武力攻撃に至らないような事態です。武力攻撃でなければ、警察権で対処し、武力攻撃が始まれば自衛権発動となります。この交代がうまくいくのかどうか、日本としてはずっと問題だったのだろうと推察します。

　平和安全法制で、日本政府はこの交代を「切れ目のない対応」という言葉で説明しました。ここから先は武力攻撃と明確化することによって、切れ目なく海上保安庁から海上自衛隊へ移管させるという説明でした。

山口　相手は、警察権と自衛権の間の微妙なところを狙ってきます。例えば、中国海警局が、尖閣諸島周辺の日本領海に押し寄せ、何もせずに留まっている。そこから少し離れたところには中国海軍が待機している。この状況に日本はどう対処すべきなのか。

小泉　領海に侵入してきてじっとしている船をどう扱うべきなのか。それは法のレベルではなく、現場の戦術的な話ではないでしょうか。

山口　もちろん、現場の状況把握と判断によるところもあります。グレーゾーン事態の定義は広く、グラデーションがあります。例えば、武装した漁民が上陸した場合であれば、警察が対処する治安問題です。しかし、相手軍が領海・領空侵犯してきたり、自衛隊機や艦艇に異常接近してきた場合は、防衛の問題となります。領海侵入してじっとしているようなケースは相当曖昧ですが、相手が武力行使に移る可能性があるのならば、自衛権発動の準備をする必要があります。

海上自衛隊と海上保安庁の連携強化を急げ

小泉　このように領海に厄介な船が現れた場合、海自と海保が連携して対応することになっています。そして現状ではできていなくて、やったほうがいいのは、海保と台湾、海保と韓国の連携です。台湾周辺のグレーゾーン事態に対処するには、友好国同士の連携が欠かせませんから。

たまたま台湾の海保と沖合で出会ったという形でもいいので、まずは訓練をしてみることだと思います。

現状、グレーゾーン事態についてのリアルタイム情報を多国間で共有できる態勢になっているかといえば、おそらくなっていないでしょう。

山口　海洋安全保障においては、海自と海保の双方が高い即応力を持ち、緊密に連携する必要があります。近年、中国海軍、海警局、民兵は着実に成長してきていますし、連携も強化されているので、海自と海保の負担が増えていきます。この脅威に効率的に対処するには、海自と海保の連携が何よりも重要です。2023年4月に、有事に防衛大臣が海保を統制する際の要領が策定されました。ただ、これはあくまで通過点であって、肝心なのは今後どのように連携を強化し、役割分担を定めていくかです。

小泉　尖閣諸島の周りには常時、中国の船が何隻か停泊しています。

山口　明確な領海侵犯や敵対・違法行為、演習をしていたり、あるいは何もしていないように見えるけれども、怪しいような事案がたびたび起きています。問題なのは、これらの事態を起こしている船の数があまりに多いことです。

小泉　自衛権発動に至る前に、おそらく海保が漁船などを強制退去させる段階があると思います。しかし、それに対処するには船と人の数が必要です。

海保の白い船で対処しているうちに、日本の手駒が足りなくなり、自衛隊の軍艦の出動を余儀なくされた場合、外形上エスカレーションを仕掛けたのは日本側になってしまいます。それは避けなければなりません。グレーゾーン事態の最中に、どこまでつき合う能力を持っているかが常に重要です。相手のほうが先にエスカレーションをせざるを得なくなれば、日本が圧倒的に有利になります。

山口　他国では、日本の海保にあたる沿岸警備隊が準海軍組織として位置づけられている場合がありますが、日本の海保は有事においても文民の法務執行機関であり、非軍事的な活動に限定されています。海保を準防衛組織にするのも一案ですが、現状実行すれば海保への負担が過度に増え、安全と治安の任務に支障が出てしまうでしょう。

一方で、中国を見れば、人民解放軍海軍はもちろん、「第二の海軍」である海警局、民兵の大群を用いて圧力をかけてきています。北朝鮮やロシア、非国家主体のことも考えると、多方面における警戒・監視が不可欠であり、海保のさらなる強化が急務です。

小泉　ソ連の沿岸警備隊は魚雷やミサイルを積んでいたようです。ソナーもあり、対潜水艦作戦もできました。有事になるとソ連軍の一部になります。国防法上、沿岸警備隊はソ連の軍事力を構成する組織に位置づけられています。

日本の海保は大型船を持っており、有事には防衛大臣の統制を受けます。自衛隊と一緒になって作戦をするわけではありませんが、グレーゾーン事態という大きな構図の中では、連携することになっています。

日本がやるべきは、グレーゾーン事態におけるショックアブソーバー、すなわち緩衝器を厚く持っておくことだと思います。グレーゾーン事態をグレーゾーンの中で収められなくなれば、戦争になりますから。これが日本の海保の戦略的意義だと思います。

山口　海保の巡視船には、機関砲や機関銃が搭載されていますし、特殊部隊に相当する特殊警備隊もあります。もっとも、海保はあくまで法務執行機関なので、海自に準ずる形で重装備する必要はありません。海保に求められるのは警戒監視能力の強化です。高性能のレーダーやセンサーを搭載した巡視船、巡視艇、無人船を増やすことが最重要課題です。

小泉　２０２３年度の海保向け補正予算額は７８４億円と過去最大です。補正前の本体予算は１８００億円程度でした。７８０億円というのは相当な追加です。この予算で大型巡視船や小型巡視船を作るなどの計画を立てているらしい。

山口　2025年度予算の概算要求は過去最大の2935億円となっていますね。海保に必要な役割と能力を考慮すれば当然のことです。あとは、これからどのようにして海自との連携を強化していくかです。望ましい方向に進んではいますが、海保と自衛隊の能力、連携強化は待ったなしです。

戦略的コミュニケーションの重要性

小泉　もう1つ、グレーゾーン事態に関し重要なのは、日本政府の発信能力です。日本にとってグレーゾーン事態は、必然的に海か空の上で起きる可能性が高い。すなわち、そこに住民はおらず、自衛隊と海保しか事態を見ていません。ですから政府が何を言うか、どんな情報の出し方をするかによって、国際世論の受け取り方が決まります。

現状、日本政府の広報は上手とは言えません。今のままであれば中国に言われっぱなしになるでしょう。

日本に必要なのは戦略的なコミュニケーションです。戦略的コミュニケーション論の教科書を読むと、広報は起きたことを後から説明するものですが、戦略的コミュニケーションは何を言うかを政策段階から組み込むものとされています。何を言うかだけでなく、振る舞いについてもきちんと準備します。

もし尖閣諸島で事態が起きれば、我々は海保の船をこれだけ出す、同時にこういう政府発信をし、こういう国際世論を作る、あるいは相手の主張をこう否定するというところまで事前に考えておくべきです。それをしないまま、ただ船の数を増強するだけという話になるのはよくありません。

我々は言葉やメッセージの力で相手を上回るべきです。それには官房長官が下を向いて役人のペーパーを読むだけではまずい。正しいことさえ言っていれば、国際世論が味方につくわけではありません。

山口 日本政府が広報面で明快なメッセージを発することができたのは、2018年の韓国海軍によるレーダー照射事件の時だったと思います。この時の日韓関係はどん底の状態でしたが、戦争にはならないという共通認識があったので、日本は証拠を叩きつけ、また事件の詳細と動画を公開するなど、強く出ることができました。

しかし、韓国のような準同盟国ではなく中国や北朝鮮が相手だと、外交・広報的な発信は難しい。中国や北朝鮮は、計算の上で戦略的に行動しているので、日本が何を言っても無視するか、それを逆手にさらに強く出てこようとします。

また、戦略的コミュニケーションには、即応力が伴わなければなりません。相手はグレーゾーン事態を通じて優位な状況に持ち込み、その後場合によって武力行使をしてくる恐れがあります。起こり得るシナリオが膨大なため、事前に対策を練るのにも限界があります。その場その場で判断し対応しなければなりません。

小泉 予想される事態を完全にシミュレーションするのは難しいでしょう。ある程度の想定外を許容しながら、船や人員の数、ドクトリンを決めることが重要で、現場点でどんなことは許され、どんなことは許されないのかを意志統一していくべきです。

第4章で触れた、台湾で大規模な自然災害が起きた場合を考えてみましょう。非武装の人民解放軍が災害援助を名目に、台湾に上陸してくる可能性も考えられます。

こうしたことを想定外にしていたら、現場は対応できず、その間に中国は既成事実を作ってしまうかもしれません。これはあくまでも一例ですが、全部のシナリオをいちいち網羅的に想定しておくことは不可能なわけです。現実にはその時々の状況を素早く把握してなるべく速く意思決定を行うしかない。

その時に「あれはやっていいのか」「これはどうか」と一から考えているのでは間に合わな

いわけです。だから「ここまではやっていい」ではなく「これはやってはいけない」「こういう事態を起こさないためには現場にここまでの権限を与える」というポジティブリスト的な考え方で対応を自動化する必要があると思うのです。

山口　グレーゾーン事態については、日米韓台をはじめインド太平洋地域の多くの国々が不安を抱いています。グレーゾーンの定義と対処法は、防衛法や交戦規定などにより、国ごとに異なります。他国から見ればブラック、あるいは限りなくブラックであっても、日本はグレーとして対応せざるを得ない場合もあります。平和安全法制によって以前よりは対応しやすくなりましたが、それでも相当な制約があります。

小泉　今一つ想像つかないのですが、日本にとってはグレーで、米国にとってはブラックというのはどういう状況ですか？　あるいはその逆というのはどういう状況ですか？

山口　１つは領空・領海侵犯です。また武装した漁民が島に上陸する場合です。これらは日本としてはグレーゾーン事態として対応するかしれませんが、米国は有事と見なすかもしれません。

日本の場合、自衛隊が出動しても、まずは警察権で対応するので、相手を標的にする危害射撃はできません。相手が危害を加えて初めて防衛権で対応します。相手もそのことを知っているので、微妙なところを突いてきます。

韓国の場合、北朝鮮による領海・領空侵犯が認められたら、早い段階で危害射撃を行います。領海・領空侵犯したらすぐ射撃せよ、とまでは言いませんが、もっと強固に対応できるように、交戦規定を緩和することが必要です。

小泉　とすると、「グレー」の定義を同盟国間や安全保障上のパートナーと調整しておく必要性も出てきますね。日米間ではある程度できている気がしますが、それが政治指導部にまで明確に理解されているかどうか、韓国や台湾などのパートナーとはどうかとなるとさらに怪しい。

山口　これは米韓の話になりますが、2010年11月に延坪島(ヨンピョンド)砲撃事件が起きた後、米韓の間の認識の差が浮き彫りになりました。韓国は「領土が直接攻撃され、死傷者が出た。抑止が不十分だったのでは」と主張しました。米国は「全面戦争には至らなかった。抑止は効いている」と答えました。どちらの主張にも一理ありますが、このようにレッドラインをめぐる認識ギャップは抑止力、防衛力を弱らせかねません。

小泉　グレーから完全なブラックに切り替わる間のどこに線を引くのかは、かなり恣意的(しい)です。傾向としては大国のほうがブラックに切り替わるのが遅い。なぜなら相当な事態が起きないと、大国の存立は脅かされないからです。

日本としては、国家の存立危機や政治的に受け入れ難い事態が発生しているけれども、米国が本気になっていないような時、自分たちでそのギャップを埋めるしかありません。

このことは2022年の国家安保戦略でも重視されていました。日本が独自に反撃能力を持つべきだという考え方は、それを念頭に置いていると思います。

中国の直接侵攻を躊躇させるために

小泉　グレーゾーン事態だけでなく、台湾への直接侵攻の可能性もあるとすれば、その確率をいかにすれば下げられるでしょうか。日本は、中国の直接侵攻シナリオを確実に失敗させる態勢を作らなければなりません。

1つは拒否的抑止力です。拒否的抑止力とは、相手の攻撃を物理的に阻止する十分な能力のことです。中国を念頭に置くならば、第一撃で日本が直接侵攻に抵抗する能力を失うとの予見を持たせないようにせねばなりません。

例えば、飛行場は攻撃されると使えなくなります。しかし、核攻撃でなければ、飛行場は修理し回復させることが可能です。だから、飛行場の復旧訓練が重要になります。最近空自もやっていますが。それから、滑走路以外にある飛行場施設を地下化し、強靭にしていくことです。

2つ目は分散です。なるべくいろいろな飛行場を使えるようにしておく。私が参加したウォーゲームでは、お互いにミサイルで飛行場を攻撃したのですが、思っていたより早く修復されました。日本側が使用可能な飛行場を運用できている間は、航空作戦能力を維持することができました。

山口 日本の拒否的抑止力を強化するには、いくつかのレベルに分けて考える必要があると思います。

ミサイル攻撃に関しては、統合防空ミサイル防衛（Integrated Air and Missile Defense：IAMD）(注)と相手のミサイル戦力を削る反撃能力が基本となります。

島嶼防衛に関しては、対艦・対空ミサイルに加え、水陸両用作戦能力、すなわち「海兵隊」機能をより拡大・強化する必要があります。

海洋に関しては、水上戦よりは、潜水艦戦と機雷戦能力を強化することが優先だと思います。また、これらの能力を最大限に活かし、作戦を実行させるには、作戦を立てて、それに必要な統合運用即応力を極めていくことが絶対条件となります。

この他にも必要な能力に関して延々と語れるのですが、小泉さんのおっしゃる通り、打たれ強さと回復・修復力、さらに民間施設をいかに使うかについても考えなければなりません。

小泉　中国のミサイルをすべて撃ち落とすのは不可能です。だから撃ち漏らしたミサイルが飛んできても、損害がなるべく少なくなるように、航空基地を強靱化させることが重要です。

沖縄の那覇基地、鹿児島県の下地島、その他民間飛行場が早い段階でつぶされた時のために、護衛艦「いずも」型の空母化も行われています。琉球孤の沖合に「いずも」型を展開させ、まとまった数のF－35戦闘機を運用できれば、航空戦力を早期に無力化できると相手が期待する余地を減らせます。

日本独自の打撃力

小泉　さらに少数の弾道ミサイル、極超音速ミサイル、巡航ミサイルぐらいは迎撃できるよ

(注)　**統合防空ミサイル防衛**　「わが国に対するミサイル攻撃を、質・量ともに強化されたミサイル防衛網により迎撃しつつ、反撃能力を持つことにより、相手のミサイル発射を制約し、ミサイル防衛と相まってミサイル攻撃そのものを抑止すること」（防衛省・自衛隊ホームページ）。

うにしておきたい。

そのためには山口さんがおっしゃるように、統合防空ミサイル防衛をしっかり行うべきです。これは中国だけでなく、ロシアや北朝鮮の限定ミサイル攻撃に対する抑止力となり得ます。

山口　中朝露の弾道・巡航ミサイル技術の発展を見ると、統合防空ミサイル防衛を強化する必要がありますね。弾道ミサイルにおいては、変則軌道や速度、多弾頭のこともありますし、飽和攻撃（敵の防衛能力を上回る数の攻撃）を仕掛けられたら、既存のシステムでは防ぎきれない恐れがあります。

ミサイル防衛システムを強化するためには、上昇段階で迎撃するブースト・フェーズ迎撃も考慮すべきです。守る側からすると、相手国の領空から出る前に弾道ミサイルを迎撃することができれば、国防と安全の両面から好ましい。これを効果的に実現するには、レーザー砲搭載航空機や高度の早期警戒システムの投入など、技術的課題があります。

もう1つが反撃能力ですね。これは単に相手を叩き返すだけでなく、相手に目的を達成できないと思わせる拒否的抑止の観点からも重要です。

小泉　長距離ミサイル「12式地対艦誘導弾能力向上型」は射程が1500キロに延長されま

すし、島嶼防衛用高速滑空弾の初期型と後期型も開発されています。後期型の射程はおそらく3000キロ近くで、事実上の極超音速弾頭搭載弾道ミサイルになります。これらは、敵の侵攻部隊自体をターゲットにするものですね。それにプラスして、対地攻撃用の長射程ミサイル（先に述べたトマホークなど）によって侵攻部隊を支える能力を叩く能力を持っておくというのが、現在の日本の防衛戦略です。

安定・不安定パラドックス(注)を回避するためには、核保有国間の抑止（戦略レベル抑止）を確保するだけでは不十分です。軍事大国間では抑止が効いているのだから、非軍事大国に対しては侵攻しても軍事大国は介入しないだろうという予見を持たせてはならない。

だから軍事大国（この場合は米国）が介入に二の足を踏むような状況下であっても、日本が相当程度のところまでやれるという能力を持っておくことに意味があるわけです。これを地域的抑止力と言います。

そして、地域的抑止力は、抑止の対象に認識してもらわねばなりません。ウクライナの場

（注）安定・不安定パラドックス　核を保有している国同士では核抑止力が働き安定が成立する一方で、非核保有国に対する通常戦争が起こりやすくなり、不安定化するというパラドックス。

合は実際に米国の直接介入なしでロシアの侵略に凄まじい抵抗を繰り広げていますが、そのことを開戦前にロシア側に認識させることができなかった。戦争に至る道の中でウクライナが犯した最大の失敗はこの点でしょう。

もちろん、これは米国による拡大抑止（いわゆる核の傘）が無意味であるということにはなりません。戦争がエスカレートした場合、米国の核が出てくるんだということもちゃんと認識させないといけない。2010年に始まった日米拡大抑止協議はそういう考えのもとで行われているものですし、近年ではそれが閣僚レベルに格上げされたり、韓国も交えたりという形に進化しています。

山口　他国との連携や協力態勢は、いくつかのレベルに分けられます。まず、小泉さんが紹介された核抑止戦略を議論する枠組み。日米には日米拡大抑止協議があり、米韓では23年4月米韓核協議グループを設置しました。中国と北朝鮮が保有する核の脅威と、台湾海峡と朝鮮半島有事が連動する可能性を考慮すると、日米韓の戦略協議グループも必要でしょう。

次に、多国間の連携と協力においては、「日米韓豪比」が中心になります。時々「アジア版ＮＡＴＯ」の話も浮上しますが、そこまで大掛かりな集団防衛機構を作るには多国間のコンセンサスが必要であり、戦略、作戦両レベルで様々な調整と連携が必要となるので、これらの課題をクリアするには相当な時間がかかるでしょう。

ですから、まずは柔軟性のある連携を中心とした友好国のネットワーク構築が適切だと思います。東南アジア、南アジア、太平洋島嶼国との連携において、近年増えてきている演習や能力構築を通じ、具体的な安全保障連携・協力に持っていきたい。

台湾との連携と協力については、国交がない以上、さまざまな制約があります。まずは地域の安全保障問題を語り合い、間接的に足並みを揃えられるようにすることが、出発点です。

自衛隊は海賊対処を目的にアフリカ北東部のジブチに海外拠点を置いています。同様に、我が国に大きく影響するインド太平洋の安全保障問題を考慮すれば、東南アジア・オセアニアにも、海上自衛隊と海上保安庁がローテーション配備できる基地や施設を設置するのも一案でしょう。

他国との連携と協力は一筋縄ではいきません。各国ごとに戦略の違いがありますし、それぞれの政治的葛藤や能力の課題もあります。同じ方向を向いていても、進み方に違いがあるかもしれませんから。できることから段階的に発展させていくことが大事です。

小泉　もう1つ、自衛隊だけでなんでもできるという考えからは脱却すべきだと思います。

山口　民間セクターとの連携は重要ですね。航空基地の復旧は自衛隊が中心になるでしょうが、自衛隊も使用する公共インフラにおいては民間の土木・建築、運輸企業などとの連携が不可欠です。

それから自衛官の人員が足りません。現在、充足率は定員の約90％で、これは単に足りないというだけでなく、隊員の質の低下も指摘されています。現員22万3511人のうち、陸が13万4011人、海が4万2375人、空が4万3025人、統合幕僚監部・部隊等が4100人ほど（24年3月末現在）。とりわけ我が国の防衛の前線にあたる海上・航空戦力の人員が圧倒的に足りません。

人の問題をどうするか。まずは組織・働き方改革を進め、自衛隊で働く利点を増やすことです。日本にも徴兵制を敷くべきだという声もたまに聞きますが、私は反対です。徴兵制によって頭数を揃えることはできるかもしれません。しかし、能力や士気に差が出る、教育訓練が短期的になって質が低下する、隊員の進学や就職の課題が生じる、人手不足が加速し経済に影響が及ぶ、など多くのデメリットがあります。

また、不足する人員、特に専門知識・技能を持った人材を補うため、陸海空の予備自衛官制度を拡大・充実させることも不可欠です。単に増やすだけでなく、米国のように常備自衛官と予備自衛官との差を縮小するため、訓練時間の増加、常備部隊との勤務・訓練、予備から常備に切り替え可能な制度の設置をすべきです。簡単に言えば、既存の即応予備自衛官と一般予備自衛官を融合させ、拡大することです。

足りない住民避難の議論

小泉 さらに言えば、日本に足りないのは住民避難の議論です。そもそも先の大戦では、住民避難の考え方自体が存在せず、満州や沖縄で大きな悲劇を生むことになりました。遅ればせながら住民避難を行おうとしたら、多数の住民を巻き込むことになりました。現在においても、離島からたくさんの人を逃がす困難さは、あまり変わっていません。

もし、船に住民を乗せて救出するとしても、民間の船員に対し、「危険な場所に出向いて避難活動をやってください」と言えるでしょうか。

現在、陸自は輸送船を持とうとしていますし、海上保安庁も輸送能力を持った大型巡視船の保有計画を発表しました。これらは住民避難の一つの方策ではあるでしょう。他方で、「戦争が始まりそうなので逃げてください」と住民に命じる法的な仕組みはないと思います。まずは先島諸島に住む1万数千人の人々を、どのように沖縄本島まで避難させるかです。

山口　さらに言うと、有事の際、朝鮮半島、台湾、中国にいる日本人をどう救出するかという問題があります。規模を考えると、課題山積です。例えば、朝鮮半島有事で何か起きれば、韓国や米国に余力はないでしょうから、主に日本で何とかしなければなりません。ソウルの空港はおそらく機能停止になる。自力で釜山まで移動してもらって釜山から九州や中国地方へピストン運航するのか。台湾や中国の場合は韓国よりスケールが大きくなり、複雑な問題となります。

小泉　島嶼部の住民保護に関しては、全員避難は難しいので、シェルターを建設するという話になりつつあります。これが現実的な解と言えばそうなのかもしれません。ただ、島部の住民が危険に晒され、一種の人質に取られるということにもなりかねません。

山口　シェルターや避難施設など、有事に備えたインフラの整備は絶対必要で、これには住民の理解と信頼が欠かせません。他の防衛施設においても同じことが言えます。国民への説明と住民への説明は異なります。国民だと国のレベルですが、住民への説明は地域の特徴や事情を考慮する必要があります。コンセンサスを得るのはなかなか難しいかもしれませんが、防衛施設や有事に備えたインフラがなぜ必要なのか、国と地域の両目線で説明しなければなりません。

有事の際、朝鮮半島、台湾、中国にいる
日本人をどう救出するか。

小泉　宮古島に宮古駐屯地を設置する時、弾薬庫に何を入れておくのかに関して、防衛省が地元に不正確な説明をしたことがあります。防衛省は小銃弾と迫撃砲弾しか入れないと言いました。陸上自衛隊の普通科中隊が来るわけだから、当然中距離多目的ミサイルなども置くはず。

端的に言って、自衛隊が嘘をついていると思いました。私は宮古警備隊の編成完結式に参加したのですが、施設の柵の外にたくさんの反対派がいました。完結式の地元側あいさつでも厳しい発言がありました。これでは「あなた方を守るために自衛隊が来た」と言われても信用できないでしょう。

また、日本政府は陸上配備型の弾道ミサイル迎撃システム「イージス・アショア」を秋田県に導入しようとしましたが、地元の反対世論が高まり断念しました。この問題以降、私は「大文字の安全保障」と「小文字の安全保障」があると思うようになりました。

大文字の安全保障とは、日本国全体が守られているかどうかという話です。その過程でたとえ1万人の住民が死んでも日本国は揺らぎません。東日本大震災で2万人の方が亡くなりましたが、日本全体としては機能していました。だから、大文字の安全保障においては1万人、2万人は許容範囲なのです。

ところが、小文字の安全保障というのは、一人ひとりの命の問題です。普通の人は、こちら側で物事を考えているはずです。自分自身と家族はどうなるのか。それに配慮しない、大文字だけの安全保障の話は空回りします。かといって小文字の安全保障だけだと、日本全体の安全保障の話はできません。小文字と大文字の2つを同時に見ていかないと、まともな安全保障の議論にはならないのですが、どうしてもどちらかに偏りがちですね。

山口　まずは国と自治体の連携が不可欠です。最近では多少改善してきましたが、まだまだです。特に地方だと、自治体は自然災害に集中し、防衛や安全保障問題に関する意識や理解が足りていません。「これは政府の問題だ」とか「敏感すぎる」と敬遠されがちですし、市民と考える機会も少ないです。安全保障上の脅威は、すべての国民に直接的間接的に影響を及ぼすことを知る必要があります。

小泉　自衛隊の方面隊司令や師団長のカウンターパートは県知事や県庁です。このレベルの責任者同士の関係は構築できているのでしょう。しかし、有事になれば、自衛隊員はまず戦うことが主務であり、住民保護だけをしている訳ではありません。その辺りも正直に話し合う必要があると思います。

山口　自然災害についての避難訓練はどこでも行われていますが、有事を想定した避難訓練や教育はほとんどありません。私は最近、地元長野県のメディアなどで安全保障問題について語る機会をいただいていますが、よく質問されるのが、地域への影響と自治体や市民がとるべき対応です。

小泉　例えば、もしＪアラート（全国瞬時警報システム）が鳴ったら、我々はどうしたらいいのですか。

山口　Ｊアラートが出た時点で、屋外にいるか屋内にいるかで、とるべき行動が異なります。ミサイルが着弾したら、衝撃波、熱風、爆風、破片だけでなく、化学物質を含む危険物などによる被害を避けることが重要です。外にいたら、まずは近くの建物（できれば頑丈な建物）か地下に避難する。屋内にいたら窓から離れる。近くに建物がない場合は物陰に身を隠すか、地面に伏せて頭部を守る。

Ｊアラートが運用されてから20年近く経っていますが、課題は多い。まず、情報伝達の精度と速度。現在では、衛星やレーダーでミサイルの発射を探知し、防衛省、内閣官房、警察庁、消防、自治体や電話会社へと情報が伝達されます。これでも発令の流れがかなり速まったほうです。

例えば北朝鮮から我が国にミサイルが発射された場合、着弾するまで何分もかかりませんから、避難する時間は限られています。発令の流れを早めることができても、今度は探知と軌道の計算精度が下がってしまうかもしれません。

国民の有事に関する知識も足りません。自然災害に関しては子供の頃から教育や訓練を受けていますが、防衛上の緊急事態に関しては、周知徹底されていません。武力攻撃事態対処法や国民保護法なども制定され、前進した部分もあります。それでも、市民レベルでは防衛に関する意識と備えがまだ低いと感じます。これには、都道府県や市町村レベルでもっと取り組む必要があると思います。有事の際にはどのような被害があり、どのような行動を取るべきかなど、基本的な知識を広めることが大切です。

小泉　逆に言えば、それは幸せなことでもあります。防衛についてあまり関心を持たなくても大丈夫な世の中を維持することが、安全保障政策の究極の目的だと思います。しかし、もうそうは言っていられないのも現実です。

山口　避難は何かが起きてからの対策ですが、それ以前に重要なのは、安全保障や有事が国民一人ひとりの生命や生活に大きな影響、被害を及ぼすという知識と意識が重要です。

シンガポールでは、「心理、社会、経済、民事、軍事、デジタル」の６つの分野を柱とした「トータル・ディフェンス」という考え方があります。これに基づいて軍・警察・消防などの政府機関や自治体、市民が参加する訓練が定期的に実施されています。
政府や自治体は常に安全保障の情報を発信し、市民もチェックする。これは有事における「自助・共助・公助」につながりますし、防災と同様安全保障の教育や訓練を行うことによって、国民をもっとうまく守れるようになるでしょう。

米国の抑止力が信用できなくなる時

山口　東アジアで有事が起きたら、日本と米国、その他の国々がきちんと対応できるでしょうか。特に米国は日本と阿吽(あうん)の呼吸で動くでしょうか。米国の介入が確実であるならば、心配の必要はありませんが、それを疑問する声がここ十数年、日本や韓国で少なからず増えています。

小泉　過去の歴史を見ると、米国は大きな戦争が終わると軍備を縮小し、大陸内に引きこもってきました。その米国を何とか戦後70年間つなぎ止めてきたのは、NATOでした。NATOの目的には、ロシア人を欧州から追い出し、米国人を欧州につなぎ止め、ドイツ人をおとなしくさせておくという、3つの目的があると言われています。
アジアの場合は、各国がばらばらに米国をつなぎ止めてきただけで、共同してつなぎ止めようとはしていませんでした。米国をアジアにつなぎ止められないとすれば、自分たちでやるしかありません。でも、その帰結は究極的には核武装になってしまいます。

山口 日本の核武装については議論すべきですが、決めるのはまだ先だと思います。統合運用とそれに伴う自衛隊の組織改革、統合防空ミサイル防衛、海洋領域における非対称戦能力、水陸両用作戦能力、ロジスティクスなど、核武装の前にやることがたくさんあるからです。また、核武装はすべての問題を解決する汎用的な答えになるという考えには疑問があります。

また、核武装の議論をするためには、我が国の安全保障戦略、作戦、インド太平洋地域の軍事バランス、日米同盟、国際社会の反応など、コストとベネフィットを考えなければなりません。

小泉 核の議論までいくとしたら、それは米国の核抑止力が信用できなくなるという、根本問題に行き着きます。もしそこまで行ってしまった場合には、逆に言うと小手先の防衛力強化では間に合わなくなります。

私は、日本が急いで核武装をする必要があるとは思いません。一方で、日米同盟は当たり前に存在するものではないと思っています。とりわけこの2年半のウクライナ戦争に対する考えたい。

米国の姿勢を見ると、そう思います。だから、いつか米国が東アジアから後退する可能性も

山口　日米同盟は我が国だけでなく、インド太平洋地域の安全保障においてなくてはならないものだと思います。一方で、問題や不安が多いのも確かです。日米同盟の話でよく耳にするのが、「米国は本当にコミットするのか疑問」、「米国は弱まってきている」、「日本は及び腰だ」、「日本はもっと防衛力を強化しないといけない」など、お互いを主語にした指摘ばかりで、なかなか進みません。米国が日本の立場と事情を理解すると同時に、日本も日米同盟と国際安全保障における米国の役割を認識する必要があります。

小泉　これまでのように何もかも米国にやってほしいというのは都合のいい話です。日本もできることはするとしっかり言うべきです。では、日本は何をするのか、です。

山口　私は日本が米国の言いなりになるのは反対ですし、自主性が大事だと思いますが、日米同盟の破綻は絶対に避けるべきだと思います。一方で、米国のプレゼンスと関与が弱まった場合、我が国の安全保障、米中対立、インド太平洋地域の安全保障、国際的なパワーバランスがどうなるかを総合的に考え、新たな戦略と対策を取るべきです。

小泉　あまり明るい話ではありませんね。でも「嫌な未来」も誰かが考えておかねばなりま

せん。誰もがそんなことを考えている社会は健全ではないけれども、誰も考えていないというわけにもいきません。これからも我々はそういう嫌なことを考え続けるんでしょうね。

山口 日本を取り巻く安全保障環境は、中朝露による現状変更だけでなく、軍事技術と戦争の近代化によって、脅威は高まっています。

２０１０年の「22防衛大綱」、13年の「国家安全保障戦略」と「25大綱」、18年の「30大綱」、そして22年の「安保三文書」（国家安全保障戦略・国家防衛戦略・防衛力整備計画）を通じて、我が国の安全保障戦略・政策と防衛計画は大きく見直され、より日本を守れるようになってきていると思います。

現在はいかに安保三文書の内容を実行するかが課題です。それと同時に日本を取り巻く情勢も変わり、リスクが高まっていく恐れがあるので、将来の安保三文書と防衛計画も考えなければなりません。

Column 6

急ピッチで進む中国の軍事近代化

山口 亮

中国は、2049年末までに人民解放軍を世界一流の軍隊に育て上げる計画を急速に進め、著しい成長を遂げている。1990年代半ばまでの中国軍は、陸軍は強大で、核武装こそしていたが、航空と海洋戦力は「骨董品」と揶揄(やゆ)されるほどだった。しかし、90年代半ばから、中国軍は、特に航空と海洋戦力の面で著しい近代化を遂げ、今では米国に次ぐ戦力を誇示している。

2001年と23年の中国の航空・海洋戦力を比較すると、第四・五世代の戦闘機が90機から1500機、駆逐艦とフリゲートは15隻から88隻、近代的潜水艦が7隻から57隻と、急速に伸びており、空母も3隻建造した（『防衛白書』24年版）。

今後の増強も見込まれている。例えば米国の戦略予算評価センター（CSBA）の分析(注)では、中国海軍は31年までに、空母を現在の3隻から5隻、駆逐艦と巡洋艦を36隻から60隻、フリゲートを47隻から63隻、弾道ミサイル搭載原子力潜水艦を6隻から10隻、揚陸艦を7隻から19隻に増強し、総排水量も130万トンから200万トンに達すると見積もっている。

航空戦力においても、J－20やJ－31等の第五世代戦闘機を、現在の34機から258機、空中給油機を18機から56機、輸送機を329機から470機、早期警戒管制機・偵察機を151機から295機に伸ばす見込みとしている。また、陸軍戦力については、10年後も数的に変わらないとしている。すなわち、こうした見積もりは、あくまで中国が陸軍の増強を控え、海洋と航空戦力の増強に注力することを前提にしたものである。

核およびミサイル戦力も大幅に伸び、各種固体燃料弾道ミサイルに加え、機動式再突入体（MaRV：Maneuverable Reentry Vehicle）や個別目標誘導複数弾頭（MIRV：Multiple Independently targetable Reentry Vehicle）の発射能力も向上している。核戦力についても、米国防総省が22年に公表した年次報告書では、中国の核弾頭保有数が27年に700発、35年に1500発に増えると示されている。将来の戦力に関する見積もり分析は目安で、多少の誤差はあるが、中国軍が増強をし続けることは間違いない。

また、中国は19年からAI、量子情報、ビッグデータ、クラウド、ICT（情報技術）の軍事利用を進め、陸、海、空、宇宙、電磁波、サイバー、認知領域における戦闘能力を一体的に強化する「知能化戦争」を進めている。

これは先端ICTの軍事利用を重大課題として位置付けた、米国の第3次オフセット戦略に触発されたものである。中国としてはICTのキャパシティーに自信があるからこそ、独自の計画を進められるようになったと言える。中国は45年までに「知能化戦争」能力を完成させるとしているが、技術的な課題だけでなく、指揮統制体系や部隊編成等にも大きく影響するので、調整が必要となる。

しかし、中国政府が現在進行形で社会に敷いているＡＩを活用した監視網や、現在行われている中国軍の再編をみると、この「知能化戦争」構想は十分に実現可能で、厄介な軍事変革となるとみられる。

また、中国は軍の肥大化が生み出す非効率性を自覚し、コンパクト化を図ってきた。中国軍は80年には４７５万人ほどの兵力を誇っていたが、85年から兵力の削減に努め、２０００年には現在に近い約２３１万人までとなり、ほぼ半減した。この兵力削減とここ30年ほどで進めてきたハイテク化を合わせると、いかに人民解放軍の構造即応力が近代化し、「濃い」ものになったかがわかる。

人に例えるならば、肥満体を絞って筋骨隆々になったようなものだ。しかし、いくらスリム化したとしても、中国軍が依然として巨大な兵力を誇っていることには変わりがない。総兵力においては米軍、自衛隊、韓国軍、台湾軍を合わせた数とほぼ同じであり、これに海警局を含む武装警察や民兵を含めれば、中国のほうが圧倒的に大きい。

中国軍の成長の基盤となっているのは、巨大な軍事費と科学技術力と生産力だ。24年３月の全国人民代表大会で発表された予算案では、今年度の軍事費は前年度より７・２％多い１兆６６５５億人民元（日本円で約34兆円）としている。しかし、中国が公表している軍事費は、内訳が不透明な上、研究開発、国外からの調達、宇宙技術計画、準軍組織等が含まれていない。さらに、中国は膨大な量のリソースを軍に費やしているが、負担率は意外と低いとされている。

ここで重要なのは、中国は巨大化し続ける軍の運用を賄えるかである。単純計算になるが、仮に中国軍の戦力が1・5倍に増えて、インド太平洋地域で広範囲に展開した場合、運用費も爆増する。前述の米国CSBAの分析では、31年までに中国軍の運用コストが軍事予算の52%を占める可能性があると指摘されている。これに武装警察や民兵の装備と運用費を加えると、中国の軍事計画はとてつもなく大きな負担になり続けることは間違いない。

もう1つ、中国の軍事近代化を語る上で欠かせないのが、習近平が中央軍事委員会主席に就任して以来進めてきた大規模な組織改革だ。中国人民解放軍は、陸軍、海軍、空軍に加え、弾道ミサイルと長距離巡航ミサイルを運用するロケット軍（15年までは第二砲兵部隊）が15年12月に設立された、情報戦、サイバー戦、電子戦、宇宙作戦を専門とする戦略支援部隊、16年創設の後方支援に特化した聯勤保障部隊の6つの軍種からなる。さらに海警局を含む中国人民武装警察部隊と中国民兵の準軍事組織も、中国共産党中央軍事委員会に属している。

習近平政権による軍と準軍組織の改変はいくつかのレベルで行われてきた。まず、習近平と中央軍事委員会による指揮統制権限をより一層強化した。これまで軍の運用で中心的な役割を担っていた総参謀部、総政治部、総後勤部、総装備部からなる「四総部」を廃止、中央軍事委員会の一部に

図　中国軍の指揮系統（イメージ）

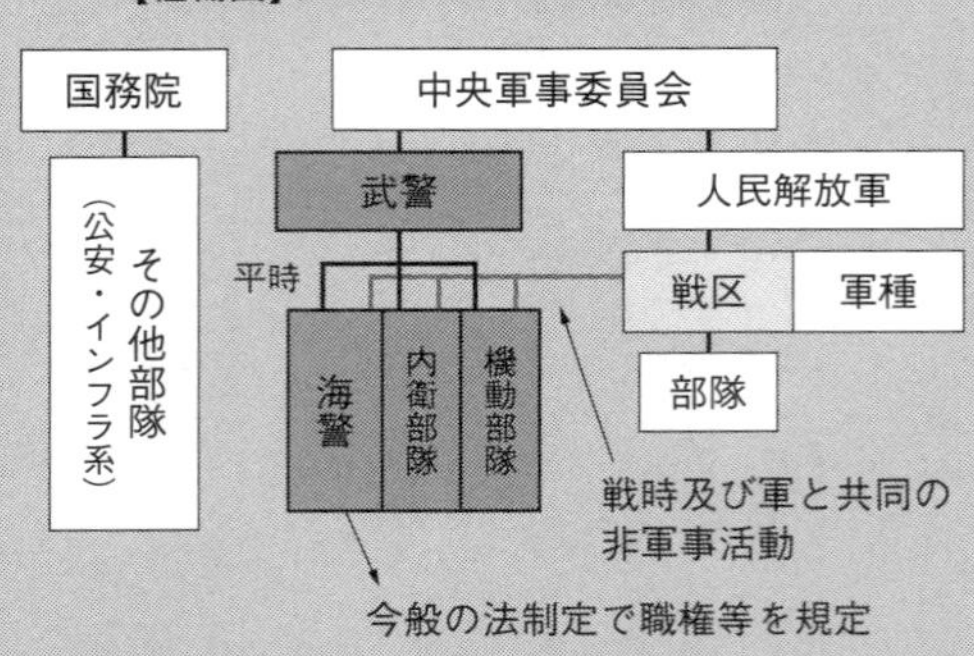

（出典）防衛省・自衛隊ホームページ https://www.mod.go.jp/j/surround/ch_ocn.html

した。中央軍事委員会による統制強化は軍事計画や作戦を完全掌握するためと同時に、社会や軍近代化の副作用でもある政治思想意識の低下に歯止めをかけるという意図もある。

作戦レベルでも大きな改革が行われた。習近平は14年に「国防・軍隊改革深化指導小組」を立ち上げ、軍を戦区ごとに分け、軍種間の統合運用と効率化を指示した。具体的には中部（司令部：北京）、北部（司令部：瀋陽）、東部（司令部：南京）、南部（司令部：広州）、西部（司令部：成都）の5つの戦区に分け、それぞれの司令部が管轄区内の陸・海・空・ロケット軍部隊、戦略支援部隊、聯勤保障部隊を一元的に指揮する形になった。これにより多様化した軍種を一元的な指揮統制システム下で統合運用し、実戦態勢を整えようとしている。

準軍組織も再編された。中国にはかつて国土資源部国家海洋局海監総隊、公安部辺防管理局公安辺防海警総隊、交通運輸部海事局、農業部漁業局、海関総署緝私局という5つの海上保安機関が存在したが、13年3月交通部海事局を除く4機関を国土資源部隷下の海警局として統合、18年には武装警察隷下の海警総隊（海警局）となった。海警局は武装警察隷下ではあるものの、「第二の海軍」と言っても過言ではないほど、中国海軍との連携が強められ、前線部隊として中国が主張する海域で活動している。

中国軍の即応力は発展途上だが、中国の国防計画とキャパシティーを考慮すれば、さらなる成長の余力がある。中国はさまざまな兵器・装備・インフラの開発と量産とともに、ロジティクスを始めとする運用即応力の強化に努め、指揮統制システムの改革によって人民軍と準軍組織が効率的に動けるようになった。中国の軍事的脅威は一段と高まっており、これにどう対応するかが大きな課題である。

（注）Jack Bianchi, Madison Creery, Harrison Schramm, Toshi Yoshihara, *China's Choices: A New Tool for Assessing the PLA's Modernization*（CSBA, 2022）p.72-74.

【著者紹介】

小泉 悠 こいずみ・ゆう

東京大学先端科学技術研究センター准教授。専門はロシアの軍事・安全保障。1982年生まれ。早稲田大学大学院政治学研究科修了。民間企業勤務、外務省専門分析員、ロシア科学アカデミー世界経済国際関係研究所(IMEMORAN) 客員研究員、公益財団法人未来工学研究所特別研究員を経て、現職。著書に『「帝国」ロシアの地政学』(東京堂出版、サントリー学芸賞)、『現代ロシアの軍事戦略』『ウクライナ戦争』(ともにちくま新書)、『ロシア点描』(PHP研究所)、『ウクライナ戦争の200日』『終わらない戦争』(ともに文春新書)、『オホーツク核要塞』(朝日新書)、『情報分析力』(祥伝社) など。

山口 亮 やまぐち・りょう

東京国際大学国際戦略研究所准教授。専門は防衛政策・戦略・計画、安全保障、国際政治、交通政策。1982年生まれ。アトランティックカウンシル・スコウクロフト戦略安全保障センター上席研究フェロー、パシフィックフォーラム上席研究フェローなどを兼任。オーストラリア国立大学アジア研究学部卒、同大大学院 戦略防衛研究科修士課程修了、ニューサウスウェールズ大学大学院キャンベラ校人文社会研究科博士号取得。ムハマディア大学マラン校客員講師、釜山大学校客員教授、東京大学先端科学技術研究センター特任助教を経て、現職。

日経プレミアシリーズ｜522

2030年の戦争

二〇二五年一月九日　一刷

著者　小泉 悠　山口 亮
発行者　中川ヒロミ
発行　株式会社日経BP
日本経済新聞出版
発売　株式会社日経BPマーケティング
〒一〇五―八三〇八
東京都港区虎ノ門四―三―一二

装幀　ベターデイズ
組版　マーリンクレイン
印刷・製本　中央精版印刷株式会社

ISBN 978-4-296-11803-8　Printed in Japan

日経プレミアシリーズ 510

道と日本史

金田章裕

日本の道のほとんどは土の道だった。牛車はあっても馬車はない。人々の移動は基本的に徒歩で、馬も蹄鉄の代わりに草鞋を履いていた……。まっすぐで幅広な古代のハイウエー、削られ曲がっていく中世の道、わずか50年で完成した近代道路網。古地図や絵画、史料をもとに、ダイナミックに変貌を遂げた日本の道の歴史をたどる。

日経プレミアシリーズ 438

地形と日本人

金田章裕

私たちは、自然の地形を生かし、改変しながら暮らしてきた。近年頻発する自然災害は、単に地球温暖化や異常気象だけでは説明できない。防災・減災の観点からも、日本人の土地とのつき合い方に学ぶ必要がある。歴史地理学者が、知られざるエピソードとともに紹介する、大災害時代の教養書。

日経プレミアシリーズ 467

地形で読む日本

金田章裕

立地を知れば歴史が見える。都が北へ、内陸へと移動したのはなぜか。城郭が時には山の上に、時には平地に築かれた理由。どのようにして城下町が成立し、どのように都市が水陸交通と結びついていったのか。地形図や古地図、今も残る地形を読みながら、私たちがたどってきた歴史の底流を追う。大好評の歴史地理学入門第2弾。

日経プレミアシリーズ 478

デジタル空間とどう向き合うか

鳥海不二夫・山本龍彦

見たい情報しか見なくなる。自己決定のつもりが他者決定に。「分断」や「極化」が加速――。インターネットは利便性を高める一方で、知らず知らずのうちに私たちの「健康」を蝕んでいる。計算社会科学者と憲法学者が、デジタル空間に潜むさまざまな問題点を指摘、解決への糸口を探る。

日経プレミアシリーズ 485

災厄の絵画史

中野京子

パンデミック、飢餓、天変地異、戦争……人類の歴史は災厄との戦いの歴史でもある。画家たちは、過酷な運命に翻弄され、抗う人々の姿をキャンバスに描き続けてきた。本書は、そんな様々な災厄の歴史的背景を解説しながら、現在も人々の心をつかむ名画の数々を紹介する。ベストセラー「怖い絵」シリーズ著者による意欲作。

日経プレミアシリーズ 521

老いた親はなぜ部屋を片付けないのか

平松類

親が部屋を片付けなくなった、性格が頑固になってきた、暑いのにエアコンをつけない、などの問題行動をとるようになると、認知症になったのではと心配になる。だが、延べ10万人以上の高齢者と接してきた医師である著者は、「真の理由」は別にあると説く。老いた親との付き合い方から、将来への備えまでが分かる一冊。

日経プレミアシリーズ 508

シン・日本の経営

ウリケ・シェーデ　渡部典子＝訳

日本企業は世間で言われるよりもはるかに強い。グローバルな最先端技術の領域で事業を展開する機敏で賢い数多くの企業が次々と出現している。その顔ぶれ、昭和の経営から令和の経営への転換、見えざる技術・製品をベースとする事業戦略、行動様式の変革マネジメントなどを気鋭の経営学者が解説する。

日経プレミアシリーズ 515

弱い円の正体 仮面の黒字国・日本

唐鎌大輔

経常収支黒字国や対外純資産国というステータスは一見して円の強さを担保する「仮面」のようなもので、「正体」としてはCFが流出していたり、黒字にもかかわらず外貨のまま戻ってこなくなったりしている実情がある。統計上の数字を見るだけでは見えてこない「弱い円の正体」に迫った一冊である。

日経プレミアシリーズ 525

トランプ2・0 世界の先を知る100の問い

吉野直也 編著

トランプ氏の2回目の米大統領就任で、各国は再び身構える。日本は、世界はどうなる？　日経記者が、識者10人に全部で100の問いをぶつけた1冊。外交・安保、エネルギー・気候変動、金融・マーケット、中国・ウクライナなどの専門家が登場。谷内正太郎、折木良一、ケント・E・カルダー、グレン・S・フクシマ氏などが、熱く、近未来を占う。